Wissenschaftliche Taschenbücher

Mathematik · Physik

Harry Pfeifer

Theorie linearer Bauelemente

Elektronik für den Physiker

I

Akademie-Verlag · Berlin
Pergamon Press · Oxford
Vieweg + Sohn · Braunschweig

WTB Wissenschaftliche Taschenbücher

ROLF BORSDORF/MANFRED SCHOLZ
Spektroskopische Methoden in der organischen Chemie

WERNER HABERDITZL
Magnetochemie

GERHARD HEBER
Mathematische Hilfsmittel der Physik, Teil I und II

A. A. SOKOLOW
Elementarteilchen

HEINZ AHRENS
Varianzanalyse

HANS-JÜRGEN TREDER
Relativität und Kosmos
Raum und Zeit in der Physik, Astronomie und Kosmologie

ALBERT EINSTEIN
Grundzüge der Relativitätstheorie

ALBERT EINSTEIN
Über die spezielle und die allgemeine Relativitätstheorie

GÜNTHER LUDWIG
Wellenmechanik. Einführung und Originaltexte

HARRY PAUL
Lasertheorie, Teil I und II

FRANZ RUDOLF KESSLER
Einführung in die physikalischen Grundlagen der Kernenergiegewinnung

EBERHARD HOFMANN
Eiweiße und Nucleinsäuren als biologische Makromoleküle
Dynamische Biochemie, Teil I

EBERHARD TEUSCHER
Pharmakognosie, Teil I und II

D. TER HAAR
Quantentheorie. Einführung und Originaltexte

J. H. SANDERS
Die Lichtgeschwindigkeit

JEAN KUNTZMANN
Unendliche Reihen
Mathematische Hilfsmittel der Physik und Chemie
Mit 94 Übungen und 29 Aufgaben

JEAN KUNTZMANN
Systeme von Differentialgleichungen
Mathematische Hilfsmittel der Physik und Chemie
Mit 88 Übungen und 40 Aufgaben

JEAN KUNTZMANN
Komplexe Veränderliche
Mathematische Hilfsmittel der Physik und Chemie
Mit 90 Übungen und 37 Aufgaben

FERDINAND CAP
Einführung in die Plasmaphysik
I. Theoretische Grundlagen
— insgesamt 3 Bände —

J. A. ROSANOW
Wahrscheinlichkeitstheorie

SIEGFRIED HAUPTMANN
Über den Ablauf organisch-chemischer Reaktionen

STEPHEN G. BRUSH
Kinetische Theorie, Teil I und II

HARRY PFEIFER
Theorie linearer Bauelemente
Elektronik für den Physiker I

HARRY PFEIFER
Die Elektronenröhre
Elektronik für den Physiker II

HARRY PFEIFER
Schaltungen mit Elektronenröhren
Elektronik für den Physiker III

Vorschau auf die nächsten Bände:

GERHARD HÜBNER
Die Rolle des Wassers

HARRY PFEIFER
Leitungen und Antennen
Elektronik für den Physiker IV

HARRY PFEIFER
Mikrowellenelektronik
Elektronik für den Physiker V

HARRY PFEIFER
Halbleiterphysik
Elektronik für den Physiker VI

EBERHARD HOFMANN
Enzyme und energieliefernde Stoffwechselreaktionen
Dynamische Biochemie, Teil II

PETER KRUMBIEGEL
Isotopieeffekte

D. M. BRINK
Kernkräfte. Einführung und Originaltexte

HERBERT GOERING
Elementare Methoden zur Lösung von Differentialgleichungsproblemen

DIETER ONKEN
Steroide
Zur Chemie und Anwendung

ARTHUR P. CRACKNELL
Angewandte Gruppentheorie
Einführung und Originaltexte

WTB

BAND 38

Harry Pfeifer

Theorie linearer Bauelemente

Elektronik für den Physiker I

Mit 55 Abbildungen und 11 Tabellen

AKADEMIE-VERLAG · BERLIN

PERGAMON PRESS · OXFORD

VIEWEG + SOHN · BRAUNSCHWEIG

Reihe MATHEMATIK UND PHYSIK

Herausgeber:
Prof. Dr. rer. nat. habil. G. Heber, Dresden
Prof. Dr. phil. habil. W. Holzmüller, Leipzig
Prof. Dr. phil. habil. A. Lösche, Leipzig
Prof. Dr. phil. habil. H. Reichardt, Berlin
Prof. Dr. phil. habil. J. Schintlmeister, Dresden
Prof. Dr. phil. habil. K. Schröder, Berlin
Prof. Dr. phil. habil. K. Schröter, Berlin
Prof. Dr. rer. nat. habil. H.-J. Treder, Potsdam

Verantwortlicher Herausgeber dieses Bandes:
Prof. Dr. W. Holzmüller

Verfasser:
Prof. Dr. H. Pfeifer
Sektion Physik der Karl-Marx-Universität Leipzig

1970
2., berichtigte und überarbeitete Auflage

Lizenznummer: 202 · 100/432/70
Herstellung: VEB Druckhaus „Maxim Gorki", 74 Altenburg
Bestellnummer: Akademie-Verlag 7038 · ES 20 K 1/18 B 6
Pergamon Press 08 017564 3
Vieweg + Sohn 6038
Printed in German Democratic Republic

Inhaltsverzeichnis

Teil I: Theorie linearer Bauelemente

Vorwort

Das vorliegende Lehrbuch ist aus Vorlesungen entstanden, die der Verfasser seit etwa zehn Jahren vor Studenten der Physik an der Karl-Marx-Universität gehalten hat.

Die Darstellung umfaßt den *Textteil*, in dem die *Fähigkeit zur mathematischen Behandlung* elektronischer Probleme vorwiegend an Beispielen aus dem Bereich der *physikalischen Grundlagen* entwickelt werden soll, und ein *Stichwort-* und *Literaturverzeichnis*, das als *Wissensspeicher* für ein weitergehendes Studium und zur Lösung praktischer elektronischer Aufgaben dient.

Entsprechend dieser Zielsetzung wurde im Text kein Wert auf Vollständigkeit gelegt. Man findet auch keine „Gebrauchsanleitungen" für Dimensionierungen und nur in wenigen Fällen Zusammenstellungen von Tatsachenmaterial. Die Abgrenzung und der Schwierigkeitsgrad des behandelten Gebietes entsprechen der Ausbildung von Studierenden der Physik etwa vom dritten Studienjahr ab, die Parallelvorlesungen über theoretische Physik, Atomphysik (Struktur der Materie, etwa in Form des bekannten Buches von FINKELNBURG) hören und Gelegenheit haben, an Praktika zur Anwendung des gebotenen Stoffes beim Aufbau und der Untersuchung elektronischer Geräte teilzunehmen.

Auf Beweise mathematischer Gesetze (Existenzbeweise usw.) wird grundsätzlich verzichtet. Dagegen findet man mitunter Ableitungen von Gleichungen, die auch in der theoretischen Physik behandelt werden, sofern es die Kontinuität der Darstellung erfordert. Außerdem wird der Leser nach Ansicht des Verfassers durch das Wiederfinden bekannter Tatsachen in einem anderen Zusammenhang ermutigt, auch die restlichen Fragen des behandelten Problems zu klären.

Zur tieferen Einarbeitung und zur Lösung praktischer Aufgaben der Elektronik empfiehlt sich folgender Weg: Am Ende eines jeden Kapitels findet man ein *Sachverzeichnis, das nicht nur Stichworte enthält, die im vorliegenden Lehrbuch behandelt werden, sondern auch auf andere Bücher und zusammenfassende Arbeiten hinweist.*

Nachdem man sich über das betreffende Gebiet an Hand dieses Materials und der darin zitierten Literatur orientiert hat, wird man die neuere und neueste Literatur zu erfassen suchen. Hier leisten die sog. Referateorgane eine wichtige Hilfe, d. h. Zeitschriften, in denen — nach bestimmten Sachgebieten geordnet — die Literatur gesammelt und referiert ist. Man beginnt mit den Jahrgängen, die etwa dem Redaktionsschluß (etwa ein Jahr vor Erscheinen des Buches) der letzten Titel über das betreffende Gebiet entsprechen.

Von abgeschlossenen Jahrgängen der Referateorgane gibt es dabei meist Registerhefte, die den Überblick sehr erleichtern.

Nachdem man auf diese Weise die Literatur bis zu den jüngsten Referaten erfaßt hat, wird man auf die Hefte der Originalzeitschriften zurückgreifen, die noch nicht referiert sind, und hat damit einen guten Überblick über die bisher geleistete Arbeit und den neuesten Stand auf dem betreffenden Gebiet. Von den Referateorganen sind besonders zu empfehlen:

Physikalische Berichte (Akademie-Verlag, Berlin, Vieweg + Sohn, Braunschweig)

Technisches Zentralblatt, Abteilung Elektrotechnik (Akademie-Verlag, Berlin),

Physics Abstracts und Electrical Engineering Abstracts (Institution of Electrical Engineers, London),

Реферативный Журнал, Физика und Реферативный Журнал, Электротехника
(Verlag der Akademie der Wissenschaften der UdSSR, Moskau).

Die Erklärung von Abkürzungen der Zeitschriftentitel findet man in den Registerheften.

Erfreulicherweise hat sich der Verlag meinem Wunsche angeschlossen, das Buch in 6 selbständigen Teilbänden erscheinen zu lassen. Jeder der Teilbände enthält ein in sich abgeschlossenes Kapitel. Es soll damit dem Studenten möglich gemacht werden, sich die Bändchen nach und nach anzuschaffen oder auf das eine oder andere ganz zu verzichten. Eine Zusammenstellung des Inhaltes der weiteren Teilbände findet man am Ende jedes Bändchens. Ein siebentes Kapitel zu grundlegenden Fragen von Schaltungen mit Transistoren befindet sich in Vorbereitung. Die Stichworte und Literatur zur Transistorschaltungstechnik sind im dritten Band mit enthalten.

Für die Durchsicht der einzelnen Abschnitte bin ich Herrn Dr. CH. KLEINT (Abschn. 32—39) sowie meinen Mitarbeitern, den Herren Dr. habil. H. WINKLER (Abschn. 7—10), Dr. W. BRUNNER (Abschn. 23), Dr. H. SCHNEIDER (Abschn. 1.1, 1.2. und 28), Dr. D. FENZKE (Abschn. 1.3. und 2), Dr. D. GESCHKE (Abschn. 6 und 29), Dr. R. HUMMEL und Dipl.-Phys. W. SEYD (Abschn. 15—18), Frl. Dr. U. LINDNER und Herrn Dipl.-Phys. H. SCHMIEDEL (Abschn. 19—21), den Herren Dr. D. MICHEL (Abschn. 24—27), Dr. D. SAMES und Dipl.-Phys. F. PRZYBOROWSKI (Abschn. 30—31), Dipl.-Phys. F. GENTZSCH (Abschn. 11—14 und 23), Dipl.-Phys. H. ERNST (Abschn. 11—14), Dr. K.-H. WEISS (Abschn. 3—5), Dr. H. SPRINZ, Dipl.-Phys. D. BECKERT und Dipl.-Phys. D. FREUDE (Abschn. 22) sehr zu Dank verpflichtet.

Die Zusammenstellung der Literatur, der Literaturhinweise und des Sachverzeichnisses lag in den Händen von Herrn Dipl.-Phys. W. HEINK.

Frl. E. LEHMANN und Frl. R. JORDAN danke ich für die technische Herstellung des Manuskriptes und dem Akademie-Verlag für die angenehme Zusammenarbeit.

Leipzig, im April 1965 H. PFEIFER

0. Einleitung

Die verwendeten Symbole entsprechen im wesentlichen den Empfehlungen der „Internationalen Union für reine und angewandte Physik (IUPAP)“, die als Document U. I. P. 11 (S. U. N. 65-3) (1965) veröffentlicht wurden [S7].

Zur Kennzeichnung der verschiedenen Darstellungen bzw. Anteile einer physikalischen Größe gilt:

Augenblickswert: gewöhnlicher Buchstabe (a),
Gleichanteil: Buchstabe überstrichen ($\bar{a}$),
Komplexe Amplitude: Buchstabe unterstrichen ($\underline{a}$),
Scheitelwert: Buchstabe mit Akzent ($\breve{a}$), also gilt $|\underline{a}| = \breve{a}$,
Operator: Buchstabe mit Tilde ($\tilde{a}$),
Vektor: Buchstabe halbfett und kursiv ($\boldsymbol{a}$),
Tensor: Buchstabe halbfett und gerade ($\mathbf{a}$).

Damit ergibt sich beispielsweise

$$\begin{aligned} a &= \bar{a} + \breve{a}\cos(\omega t + \varphi) \\ &= \bar{a} + \mathrm{Re}\,\{\breve{a}\exp(j(\omega t + \varphi))\} \\ &= \bar{a} + \mathrm{Re}\,\{\underline{a}\exp(j\omega t)\} \end{aligned}$$

wegen

$$\underline{a} = \breve{a}\exp(j\varphi).$$

Diese Vereinbarung mußte gewählt werden, da die konsequente Anwendung von DIN 1344 bzw. DIN 5483 in der Physik zu Schwierigkeiten mit den IUPAP-Empfehlungen (verschiedene Bedeutung von Groß- und Kleinbuchstaben) führen würde.

Die folgende Zusammenstellung gibt einen Überblick über die wichtigsten Symbole und die Bedeutung, die sie in den meisten Fällen besitzen. Alle anderen Formelzeichen, die im Text oder in den Abbildungen neu eingeführt werden, sind auf dem Seitenkopf vermerkt. Dies gilt insbesondere auch für solche Symbole, die in dem betreffenden Abschnitt eine andere Bedeutung besitzen, als in der Tabelle angegeben ist.

Die wichtigsten Symbole [S 7]

$\boldsymbol{A}$	Vektorpotential
A	Fläche (auch S)
$\boldsymbol{B}$	magnetische Induktion (in G bzw. Vs/m²)
B	Bandbreite (in Hz)
	Suszeptanz (Imaginärteil eines komplexen Leitwertes, $B = \mathrm{Im}\,\{\underline{Y}\}$)
C	Kapazität
c	Lichtgeschwindigkeit im Vakuum, $c_c = (2{,}997\,925 \pm {'3}) \cdot 10^{10}\ \mathrm{cm\,s^{-1}}$ $c_p = (2{,}997\,925 \pm {'3}) \cdot 10^{8}\ \mathrm{m\,s^{-1}}$
c_D	Lichtgeschwindigkeit in einem Dielektrikum, $c_\mathrm{D} = c\,(\varepsilon\mu)^{-1/2}$
$\boldsymbol{D}$	elektrische Verschiebung (in esL/cm² bzw. As/m²)
D	Durchgriff
$\mathrm{d}\boldsymbol{l}$	vektorielles Längenelement
$\mathrm{d}\boldsymbol{s}$	vektorielles Flächenelement
$\mathrm{d}\tau$	Volumenelement
$\boldsymbol{E}$	elektrische Feldstärke (in dyn/esL bzw. V/m)
E	Energie
E_em	elektromagnetische Energie
E_e	elektrische Energie
E_m	magnetische Energie
E_F	Fermische Grenzenergie
$\boldsymbol{e}$	Einheitsvektor
e	Betrag der Ladung eines Elektrons, $e = (4{,}802\,98 \pm {'20}) \cdot 10^{-10}$ esL $= (1{,}602\,10 \pm {'7}) \cdot 10^{-19}$ As

$\boldsymbol{F}$	Kraft
f	Frequenz (in Hz)
G	Konduktanz (Realteil eines komplexen Leitwertes, $G = \mathrm{Re}\,\{\underline{Y}\}$)
g	Leistungsverstärkung
$\boldsymbol{H}$	magnetische Feldstärke (in Oe bzw. A/m)
h	PLANCKsche Konstante, $h = (6{,}6256 \pm {}'5) \cdot 10^{-27}$ erg s $= (6{,}6256 \pm {}'5) \cdot 10^{-34}$ W s^2
$\hbar$	$h/2\pi$
I	elektrische Stromstärke
$\boldsymbol{J}$	elektrische Stromdichte (in esLs^{-1} cm^{-2} bzw. A/m^2)
j	imaginäre Einheit $\left(= \sqrt{-1}\right)$
$\boldsymbol{k}$	Wellenzahlvektor ($\boldsymbol{k} = 2\pi \boldsymbol{e}/\lambda$)
k	BOLTZMANNsche Konstante, $k = (1{,}38054 \pm {}'18) \cdot 10^{-16}$ erg K^{-1} $= (1{,}38054 \pm {}'18) \cdot 10^{-23}$ Ws K^{-1}
kT_0	$(4{,}0036 \pm {}'5) \cdot 10^{-21}$ Ws für $T_0 = 290$ K
kT_0/e	$(24{,}989 \pm {}'4)$ mV für $T_0 = 290$ K
L	Induktivität
l	Abstand
$\mathrm{d}\boldsymbol{l}$	vektorielles Längenelement
$\boldsymbol{M}$	Magnetisierung
M	Gegeninduktivität (auch L_{ik})
m	Ruhemasse des Elektrons, $m = (9{,}1091 \pm {}'4) \cdot 10^{-28}$ g $= (9{,}1091 \pm {}'4) \cdot 10^{-31}$ kg
N	Anzahl allgemein
N_A	AVOGADROsche Zahl (früher LOSCHMIDTsche Zahl, Anzahl der Teilchen in einem Mol bzw. Kilomol),[1] $N_A = (6{,}02252 \pm {}'28) \cdot 10^{23}$ mol^{-1} $= (6{,}02252 \pm {}'28) \cdot 10^{26}$ kmol^{-1}
$\boldsymbol{P}$	dielektrische Polarisation
P	Wirkleistung ($P = \mathrm{Re}\,\{\underline{P}\}$)
	thermodynamische Wahrscheinlichkeit

[1] Der hier angegebene Wert gilt für die vereinheitlichte Skala der relativen Atommassen (C^{12}-Skala).

$\underline{P}$	komplexe Leistung ($\underline{P} = P + jQ$)
$\boldsymbol{p}$	Impuls
Q	elektrische Ladung
	Güte
	Blindleistung ($Q = \mathrm{Im}\{\underline{P}\}$)
R	Resistanz (Wirkwiderstand, ohmscher Widerstand, $R = \mathrm{Re}\,\{\underline{Z}\}$)
R_i	innerer Widerstand
r	Radius
$\boldsymbol{S}$	POYNTINGscher Vektor
S	Steilheit
	Entropie
	Fläche (auch A)
$\mathrm{d}\boldsymbol{s}$	vektorielles Flächenelement
T	absolute Temperatur
T_0	Zimmertemperatur (290 K)
t	Zeit
U	elektrische Spannung (Differenz zweier Potentiale) (in erg/esL bzw. V)
V	Volumen
$\underline{V}$	komplexe Spannungsverstärkung
$\boldsymbol{v}$	Geschwindigkeit
X	Reaktanz (Imaginärteil eines komplexen Widerstandes, $X = \mathrm{Im}\,\{\underline{Z}\}$)
$\underline{Y}$	Admittanz (komplexer Leitwert, $\underline{Y} = G + jB = 1/\underline{Z}$)
$\underline{Z}$	Impedanz (komplexer Widerstand, $\underline{Z} = R + jX = 1/\underline{Y}$)
$\underline{Z}_\mathrm{L}$	Wellenwiderstand
$\underline{Z}_\mathrm{F}$	Feldwellenwiderstand
α	Dämpfungskonstante ($\alpha = \mathrm{Re}\,\{\underline{\gamma}\}$)
	Polarisierbarkeit
β	Phasenkonstante ($\beta = \mathrm{Im}\,\{\underline{\gamma}\}$)
$\underline{\gamma}$	Übertragungskonstante ($\underline{\gamma} = \alpha + j\beta$)
γ	Konstante, vgl. Tab. 1.3
δ	Verlustwinkel
ε	relative Dielektrizitätskonstante

$\underline{\varepsilon}$	komplexe Dielektrizitätskonstante ($\underline{\varepsilon} = \varepsilon' - j\varepsilon''$)
ε'	Re $\{\underline{\varepsilon}\}$
ε''	− Im $\{\underline{\varepsilon}\}$
ε_V	Dielektrizitätskonstante des Vakuums, vgl. Tab. 1.3
ε_0	absolute Dielektrizitätskonstante, $\varepsilon_0 = 10^7/4\pi c^2 \approx 8{,}854 \cdot 10^{-12}$ As/Vm
λ	Wellenlänge
μ	relative Permeabilitätskonstante
$\underline{\mu}$	komplexe relative Permeabilitätskonstante ($\underline{\mu} = \mu' - j\mu''$)
μ'	Re $\{\underline{\mu}\}$
μ''	− Im $\{\underline{\mu}\}$
μ_V	Permeabilitätskonstante des Vakuums, vgl. Tab. 1.3
μ_0	absolute Permeabilitätskonstante, $\mu_0 = 4\pi \cdot 10^{-7} \approx 1{,}257 \cdot 10^{-6}$ Vs/Am
μ_B	BOHRsches Magneton, $\mu_B = eh/4\pi mc = (9{,}2732 \pm '6) \cdot 10^{-21}$ erg G^{-1}, $\mu_B^P = \mu_0 eh/4\pi m = (1{,}16530 \pm '6) \cdot 10^{-29}$ Vsm
ν, ν'	Konstanten, vgl. Tab. 1.3
ϱ	Raumladungsdichte (in esL/cm^3 bzw. As/m^3)
σ	elektrische Leitfähigkeit
$d\tau$	Volumenelement
Φ	elektrisches Potential (auch U) magnetischer Fluß
χ_e	elektrische Suszeptibilität
χ_m	magnetische Suszeptibilität
ω	Kreisfrequenz
$\approx$	etwa gleich
$\sim, \propto$	proportional
Im $\{\underline{a}\}$	Imaginärteil von $\underline{a}$
Re $\{\underline{a}\}$	Realteil von $\underline{a}$
$\mathcal{L}\{f\}$	LAPLACE-Transformierte von f

Einige häufig verwendete abgeleitete Einheiten

Newton [N]	Das Newton ist die Kraft, die der Masse 1 kg die Beschleunigung 1 m s^{-2} erteilt.
Dyn [dyn]	Das Dyn ist der 10^{-5}-te Teil des Newton.
Kilopond [kp]	Das Kilopond ist gleich 9,80665 Newton.
Joule [J]	Das Joule ist gleich 1 Ws oder 1 Nm.
Erg [erg]	Das Erg ist der 10^{-7}-te Teil des Joule.
Siemens [S]	Das Siemens ist der elektrische Leitwert eines Widerstandes von 1 Ω.
Coulomb [C]	Das Coulomb ist gleich 1 As.
Weber [W]	Das Weber ist gleich 1 Vs.

Zusammenstellung einiger Rechenregeln

Reihenentwicklungen:

$$\exp x = 1 + x + \frac{x^2}{2!} + \frac{x^3}{3!} + \cdots$$

$$\ln (1 + x) = x - \frac{x^2}{2} + \frac{x^3}{3} - \cdots (-1 < x \leqq 1)$$

$$\cos x = 1 - \frac{x^2}{2!} + \frac{x^4}{4!} - \cdots$$

$$\sin x = x - \frac{x^3}{3!} + \frac{x^5}{5!} - \cdots$$

$$\tan x = x + \frac{x^3}{3} + \frac{2x^5}{15} + \cdots \left(-\frac{\pi}{2} < x < +\frac{\pi}{2}\right)$$

Umrechnungsfaktoren für Energieeinheiten[1])

	erg	Ws	kWh	$kcal_{15}$	cm^3 atm	lat	mkp
erg	1	10^{-7}	$2{,}777778 \cdot 10^{-14}$	$2{,}38920 \cdot 10^{-11}$	$0{,}986924 \cdot 10^{-6}$	$1{,}019688 \cdot 10^{-9}$	$1{,}019716 \cdot 10^{-8}$
Ws	10^{7}	1	$2{,}777778 \cdot 10^{-7}$	$2{,}38920 \cdot 10^{-4}$	$0{,}986924 \cdot 10$	$1{,}019688 \cdot 10^{-2}$	$1{,}019716 \cdot 10^{-1}$
kWh	$3{,}6 \cdot 10^{13}$	$3{,}6 \cdot 10^{6}$	1	$0{,}86011 \cdot 10^{3}$	$3{,}552923 \cdot 10^{7}$	$3{,}670875 \cdot 10^{4}$	$3{,}670978 \cdot 10^{5}$
$kcal_{15}$	$4{,}1855 \cdot 10^{10}$	$4{,}1855 \cdot 10^{3}$	$1{,}16264 \cdot 10^{-6}$	1	$4{,}1308 \cdot 10^{4}$	$4{,}2679 \cdot 10$	$4{,}2680 \cdot 10^{2}$
cm^3 atm	$1{,}013250 \cdot 10^{6}$	$1{,}013250 \cdot 10^{-1}$	$2{,}814583 \cdot 10^{-8}$	$2{,}42086 \cdot 10^{-5}$	1	$1{,}033199 \cdot 10^{-3}$	$1{,}033227 \cdot 10^{-2}$
lat	$0{,}980692 \cdot 10^{9}$	$0{,}980692 \cdot 10^{2}$	$2{,}724146 \cdot 10^{-5}$	$2{,}34308 \cdot 10^{-2}$	$0{,}967868 \cdot 10^{3}$	1	$1{,}000028 \cdot 10$
mkp	$0{,}980665 \cdot 10^{8}$	$0{,}980665 \cdot 10$	$2{,}724069 \cdot 10^{-3}$	$2{,}34301 \cdot 10^{-3}$	$0{,}967841 \cdot 10^{2}$	$0{,}999972 \cdot 10^{-1}$	1

1 eV $\triangleq$ (1,602 10 ± '7) · 10^{-12} erg
$\triangleq$ (8,065 7 ± '2) · 10^{3} cm^{-1}
1 eV/Molekül $\triangleq$ (23,045 5 ± '20) $kcal_{IT}$/mol[2])

[1]) Nach U. Stille, Messen und Rechnen in der Phsyik, Braunschweig 1955.

[2]) 1 $kcal_{IT}$ = 4,186 800 · 10^{10} erg.

$$\cosh x = \frac{\exp(x) + \exp(-x)}{2} = 1 + \frac{x^2}{2!} + \frac{x^4}{4!} + \cdots$$

$$\sinh x = \frac{\exp(x) - \exp(-x)}{2} = x + \frac{x^3}{3!} + \frac{x^5}{5!} + \cdots$$

$$\tanh x = \frac{\sinh x}{\cosh x} = x - \frac{x^3}{3} + \frac{2\,x^5}{15} + \cdots$$

$$\left(-\frac{\pi}{2} < x < +\frac{\pi}{2}\right)$$

Eigenschaften der Hyperbelfunktionen

$\cosh jx = \cos x; \quad \cos jx = \cosh x$
$\sinh jx = j \sin x; \quad \sin jx = j \sinh x$
$\cosh x \pm \sinh x = \exp(\pm x)$
$\cosh^2 x - \sinh^2 x = 1$
$\operatorname{arcosh} x = \ln\left(x + \sqrt{x^2 - 1}\right)$
$\operatorname{arsinh} x = \ln\left(x + \sqrt{x^2 + 1}\right)$
$\cosh(x \pm y) = \cosh x \cosh y \pm \sinh x \sinh y$
$\sinh(x \pm y) = \sinh x \cosh y \pm \cosh x \sinh y$

Potenzen trigonometrischer Funktionen

n gerade:

$$\cos^n x = \frac{1}{2^{n-1}} \left\{ \cos nx + \binom{n}{1} \cos[(n-2)x] + \right.$$
$$+ \binom{n}{2} \cos[(n-4)x] + \cdots$$
$$\left. + \binom{n}{\frac{n-2}{2}} \cos 2x + \frac{1}{2} \binom{n}{\frac{n}{2}} \right\}$$

$$\sin^n x = \frac{(-1)^{\frac{n}{2}}}{2^{n-1}} \left\{ \cos nx - \binom{n}{1} \cos[(n-2)x] + \right.$$

$$+ \binom{n}{2} \cos[(n-4)x] - \cdots$$

$$\left. + (-1)^{\frac{n}{2}-1} \binom{n}{\frac{n-2}{2}} \cos 2x + (-1)^{\frac{n}{2}} \frac{1}{2} \binom{n}{\frac{n}{2}} \right\}$$

n ungerade:

$$\cos^n x = \frac{1}{2^{n-1}} \left\{ \cos nx + \binom{n}{1} \cos[(n-2)x] + \right.$$

$$+ \binom{n}{2} \cos[(n-4)x] + \cdots$$

$$\left. + \binom{n}{\frac{n-3}{2}} \cos 3x + \binom{n}{\frac{n-1}{2}} \cos x \right\}$$

$$\sin^n x = \frac{(-1)^{\frac{n-1}{2}}}{2^{n-1}} \left\{ \sin nx - \binom{n}{1} \sin[(n-2)x] + \right.$$

$$+ \binom{n}{2} \sin[(n-4)x] + \cdots$$

$$+ (-1)^{\frac{n-3}{2}} \binom{n}{\frac{n-3}{2}} \sin 3x +$$

$$\left. + (-1)^{\frac{n-1}{2}} \binom{n}{\frac{n-1}{2}} \sin x \right\}$$

Einige Integrale:

$$\int \exp(ax)\cos bx\,\mathrm{d}x = \frac{\exp(ax)}{a^2+b^2}(a\cos bx + b\sin bx) + C$$

$$\int \exp(ax)\sin bx\,\mathrm{d}x = \frac{\exp(ax)}{a^2+b^2}(a\sin bx - b\cos bx) + C$$

$$\int_{-\infty}^{+\infty} \exp(-x^2)\,\mathrm{d}x = \sqrt{\pi}$$

$$\int_0^{\infty} \sqrt{x}\exp(-x)\,\mathrm{d}x = \frac{1}{2}\sqrt{\pi}$$

$$\int_0^{\infty} x^{2n}\exp(-ax^2)\,\mathrm{d}x = \sqrt{\frac{\pi}{a}}\,\frac{1\cdot 3\cdot 5\cdots(2n-1)}{2^{n+1}a^n}$$

$(a > 0;\ n > 0$, ganz)

$$\int_0^{\infty} \frac{\sin x}{x}\,\mathrm{d}x = \frac{\pi}{2}$$

$$\int_0^{\infty} \frac{\sin^2 x}{x^2}\,\mathrm{d}x = \frac{\pi}{2}$$

Einige allgemeine Beziehungen

$$\binom{m}{n} = \frac{n(n-1)(n-2)\cdots\big(n-(m-1)\big)}{m!}$$

$$(AB)_{nm} = \sum_l A_{nl}B_{lm}$$

(A_{nl} ist das Element der n-ten Zeile und der l-ten Spalte einer Matrix)

$$\sqrt[n]{a + bj} = (a^2 + b^2)^{\frac{1}{2n}} \exp\left(j\,\frac{\varphi}{n}\right) = (a^2 + b^2)^{\frac{1}{2n}}$$

$$\times \left\{\cos\left(\frac{\varphi}{n} + 2\,\frac{k\pi}{n}\right) + j \sin\left(\frac{\varphi}{n} + 2\,\frac{k\pi}{n}\right)\right\}$$

$$\left(k = 0, \pm 1, \pm 2, \ldots, \tan\varphi = \frac{b}{a}\right)$$

$$a \cos x + b \sin x = \sqrt{a^2 + b^2} \cos\left\{x - \arctan\frac{b}{a}\right\}$$

$$j = \exp\left(j\,\frac{\pi}{2}\right)$$

Nabla-Rechnung:

$$\nabla = \frac{\partial}{\partial x}\,\boldsymbol{e}_x + \frac{\partial}{\partial y}\,\boldsymbol{e}_y + \frac{\partial}{\partial z}\,\boldsymbol{e}_z$$

$$\Delta = \nabla\,\nabla = \frac{\partial^2}{\partial x^2} + \frac{\partial^2}{\partial y^2} + \frac{\partial^2}{\partial z^2}$$

$$\operatorname{div} \boldsymbol{A} = \nabla \cdot \boldsymbol{A}$$

$$\operatorname{rot} \boldsymbol{A} = \nabla \times \boldsymbol{A}$$

$$\operatorname{grad} \Phi = \nabla\Phi = \frac{\partial \Phi}{\partial n}\,\boldsymbol{e}_n$$ ($\boldsymbol{e}_n$ = Einheitsvektor in Normalenrichtung)

Doppel-Nabla:

$$\operatorname{div} \operatorname{grad} \Phi = \nabla \cdot \nabla\,\Phi = \Delta\Phi$$

$$\operatorname{div} \operatorname{rot} \boldsymbol{A} = \nabla \cdot \nabla \times \boldsymbol{A} = 0$$

$$\operatorname{grad}\operatorname{div}\boldsymbol{A} = \boldsymbol{e}_x\left(\frac{\partial^2}{\partial x^2}A_x + \frac{\partial^2}{\partial x\,\partial y}A_y + \frac{\partial^2}{\partial x\,\partial y}A_z\right) +$$
$$+ \langle\text{zyklisch vertauschte Glieder}\rangle$$

$$\operatorname{rot}\operatorname{grad}\Phi = \nabla\times\nabla\,\Phi = 0$$

$$\operatorname{rot}\operatorname{rot}\boldsymbol{A} = \nabla\times\nabla\times\boldsymbol{A} = \nabla\,\nabla\cdot\boldsymbol{A} - \nabla\cdot\nabla\,\boldsymbol{A}$$
$$= \operatorname{grad}\operatorname{div}\boldsymbol{A} - \Delta_r\,\boldsymbol{A}$$

($\Delta_r\,\boldsymbol{A}$ ist ein Vektor mit den Komponenten ΔA_x, ΔA_y, ΔA_z, aber nur in kartesischen Koordinaten)

Nabla auf Produkte u. a.:

$$\operatorname{div}\Phi\,\boldsymbol{A} = \nabla\cdot\Phi\,\boldsymbol{A} = \boldsymbol{A}\operatorname{grad}\Phi + \Phi\operatorname{div}\boldsymbol{A}$$

$$\operatorname{rot}\Phi\,\boldsymbol{A} = \nabla\times\Phi\,\boldsymbol{A} = [\operatorname{grad}\Phi, \boldsymbol{A}] + \Phi\operatorname{rot}\boldsymbol{A}$$

$$\operatorname{div}\boldsymbol{A}\times\boldsymbol{B} = \boldsymbol{B}\operatorname{rot}\boldsymbol{A} - \boldsymbol{A}\operatorname{rot}\boldsymbol{B}$$

$$\operatorname{rot}\boldsymbol{A}\times\boldsymbol{B} = (\boldsymbol{B}\operatorname{grad})\,\boldsymbol{A} - (\boldsymbol{A}\operatorname{grad})\,\boldsymbol{B} + \boldsymbol{A}\operatorname{div}\boldsymbol{B} -$$
$$- \boldsymbol{B}\operatorname{div}\boldsymbol{A}$$

$$\operatorname{grad}\boldsymbol{A}\,\boldsymbol{B} = (\boldsymbol{A}\operatorname{grad})\,\boldsymbol{B} + (\boldsymbol{B}\operatorname{grad})\,\boldsymbol{A} + [\boldsymbol{A}, \operatorname{rot}\boldsymbol{B}] +$$
$$+ [\boldsymbol{B}, \operatorname{rot}\boldsymbol{A}]$$

$$\boldsymbol{A}\times(\boldsymbol{B}\times\boldsymbol{C}) = (\boldsymbol{A}\,\boldsymbol{C})\,\boldsymbol{B} - (\boldsymbol{B}\,\boldsymbol{A})\,\boldsymbol{C}$$
$$\neq (\boldsymbol{A}\times\boldsymbol{B})\times\boldsymbol{C}$$

$$\boldsymbol{A}\times\boldsymbol{B}\cdot\boldsymbol{C} = \boldsymbol{A}\,\boldsymbol{B}\,\boldsymbol{C} = \boldsymbol{B}\,\boldsymbol{C}\,\boldsymbol{A} = \boldsymbol{C}\,\boldsymbol{A}\,\boldsymbol{B}$$
$$= -\boldsymbol{A}\,\boldsymbol{C}\,\boldsymbol{B} = -\boldsymbol{B}\,\boldsymbol{A}\,\boldsymbol{C} = -\boldsymbol{C}\,\boldsymbol{B}\,\boldsymbol{A}$$

1. Grundlagen

1.1. Grundgleichungen und Einheiten

1.1.1. Die Einheiten

Auf der 10. Generalkonferenz für Maß und Gewicht, die 1954 in Sèvres bei Paris tagte, wurde den Mitgliedsstaaten eine Neuregelung der physikalisch-technischen Einheiten empfohlen. Danach sind die Grundeinheiten

1. für die Länge:	das Meter (m),
2. für die Masse:	das Kilogramm (kg),
3. für die Zeit:	die Sekunde (s),
4. für die elektrische Stromstärke:	das Ampere (A),
5. für die Temperatur:	das Kelvin (K),[1])
6. für die Lichtstärke:	die Candela (cd).

In Klammern sind die gesetzlichen Kurzzeichen angegeben. Zur Bezeichnung von Vielfachen oder Bruchteilen dienen Vorsätze bzw. Kurzzeichen (Tab. 1.1) mit dem Zusatz, daß für die Masse die Vielfachen bzw. Bruchteile nicht von der Grundeinheit Kilogramm, sondern von ihrem tausendsten Teil, dem Gramm, gebildet werden.

Die Definitionen der gesetzlichen Grundeinheiten und der daraus abgeleiteten gesetzlichen Einheiten findet man in einer Tafel, die vom Deutschen Amt für Maß und Gewicht für die genannte Verordnung erarbeitet wurde [P 1].

In der Atom- und Kernphysik sowie in einigen anderen Gebieten wird noch das symmetrische (GAUSSsche) CGS-System verwendet. Die Bezeichnung symmetrisch rührt davon her, daß hierbei die elektrischen Größen durch

---

[1]) Festgelegt auf der 13. Generalkonferenz für Maß und Gewicht 1967 in Paris.

Tabelle 1.1. **Bezeichnung von Vielfachen oder Bruchteilen der gesetzlichen Einheiten**

10^{12}	Tera	(T)
10^{9}	Giga	(G)
10^{6}	Mega	(M)
10^{3}	Kilo	(k)
10^{2}	Hekto	(h)
10	Deka	(da)
10^{-1}	Dezi	(d)
10^{-2}	Zenti	(c)
10^{-3}	Milli	(m)
10^{-6}	Mikro	(μ)
10^{-9}	Nano	(n)
10^{-12}	Pico	(p)
10^{-15}	Femto	(f)
10^{-18}	Atto	(a)

das elektrische Punktkraftgesetz (Definition der elektrischen Ladungseinheit esL) und die magnetischen Größen durch das magnetische Punktkraftgesetz (Definition der Einheit des magnetischen Dipolmomentes erg/Oe) definiert werden. Den Zusammenhang mit den gesetzlichen Einheiten gibt die Zusammenstellung in Tab. 1.2.

Tabelle 1.2. **Zur Umrechnung der Einheiten des praktischen und des symmetrischen CGS-Systems**

1 cm	$= 10^{-2}$ m
1 g	$= 10^{-3}$ kg
1 dyn	$= 10^{-5}$ N
1 erg	$= 10^{-7}$ Ws
1 esL	$= 10^{-9}/3$ As
1 Oe	$= 10^{3}/4\pi$ A/m
1 G	$= 10^{-4}$ Vs m^{-2}

Das Maßsystem, dem die gesetzlichen Einheiten zugrunde liegen, werden wir im folgenden kurz als praktisches und das symmetrische (GAUSSsche) CGS-System als CGS-System schlechthin bezeichnen.

1.1.2. Die Grundgleichungen

Bezeichnen wir mit $\boldsymbol{E}$ die elektrische Feldstärke, mit $\boldsymbol{B}$ die magnetische Induktion, mit $\boldsymbol{D}$ die elektrische Verschiebung, mit $\boldsymbol{H}$ die magnetische Feldstärke, mit $\boldsymbol{J}$ die Stromdichte und mit ϱ die elektrische Ladungsdichte, so gelten die auf der Erfahrung beruhenden Grundgleichungen (MAXWELLschen Gleichungen)

$$\operatorname{rot} \boldsymbol{E} = -\frac{1}{\nu'\gamma} \frac{\mathrm{d}\boldsymbol{B}}{\mathrm{d}t}, \tag{1.1}$$

$$\operatorname{div} \boldsymbol{D} = 4\pi\nu\varrho, \tag{1.2}$$

$$\operatorname{div} \boldsymbol{B} = 0, \tag{1.3}$$

$$\operatorname{rot} \boldsymbol{H} = \frac{4\pi}{\gamma} \boldsymbol{J} + \frac{1}{\nu\gamma} \frac{\mathrm{d}\boldsymbol{D}}{\mathrm{d}t} \tag{1.4}$$

mit den vom Stoff abhängigen Beziehungen (Materialgleichungen)

$$\boldsymbol{D} = \nu\varepsilon\varepsilon_{\mathrm{v}} \boldsymbol{E}, \tag{1.5}$$

$$\boldsymbol{B} = \nu'\mu\mu_{\mathrm{v}} \boldsymbol{H}, \tag{1.6}$$

$$\boldsymbol{J} = \sigma \boldsymbol{E}. \tag{1.7}$$

μ bezeichnet dabei die relative Permeabilitätskonstante, ε die relative Dielektrizitätskonstante und σ die Leitfähigkeit des Materials. Die Bedeutung der anderen universellen Konstanten ist in Tab. 1.3 zusammengestellt.

Gl. (1.7) stellt die differentielle Form des OHMschen Gesetzes dar, in dem für gewisse inhomogene Medien (z. B. bei galvanischen Elementen) zu $\boldsymbol{E}$ noch die sog. eingeprägte elektrische Feldstärke $\boldsymbol{E}^{(e)}$ addiert werden muß, die man aber nicht aus den MAXWELLschen Gleichungen ableiten kann. Die Differentialoperatoren div

Tabelle 1.3. Die Konstanten der MAXWELLschen Gleichungen

Konstanten der MAXWELLschen Gleichungen	CGS-System	Praktisches System
ν	1 [1]	$\frac{1}{4\pi}$ [1]
ε_V	$1\left[\frac{\text{es L}^2}{\text{erg cm}}\right]$	$4\pi\varepsilon_0\left[\frac{\text{As}}{\text{Vm}}\right]$
ν'	$1\left[\frac{\text{G Oe cm}^3}{\text{erg}}\right]$	$\frac{1}{4\pi}$ [1]
μ_V	$1\left[\frac{\text{erg}}{\text{Oe}^2\,\text{cm}^3}\right]$	$4\pi\mu_0\left[\frac{\text{Vs}}{\text{Am}}\right]$
γ	$c_c\left[\frac{\text{esL}}{\text{Oe s cm}}\right]$	4π [1]

$\varepsilon_0 = \frac{10^7}{4\pi c_p^2} \approx 8{,}854 \cdot 10^{-12}\left[\frac{\text{As}}{\text{Vm}}\right]$ absolute Dielektrizitätskonstante,

$\mu_0 = 4\pi \cdot 10^{-7} \approx 1{,}257 \cdot 10^{-6}\left[\frac{\text{Vs}}{\text{Am}}\right]$ absolute Permeabilitätskonstante,

c_c bzw. c_p bezeichnet den Zahlenwert der Vakuumlichtgeschwindigkeit (vgl. S. 10) im CGS- bzw. praktischen System.

und rot können Tab. 1.4 entnommen werden, in der noch der Vollständigkeit halber grad und Δ mit aufgeführt sind (vgl. z. B. [J 1]).

Tabelle 1.4. Bedeutung einiger Differentialoperatoren
v bezeichnet einen beliebigen Vektor und *u* eine beliebige skalare Größe

Kartesische Koordinaten (x, y, z):

$$\operatorname{div} \mathbf{v} = \frac{\partial}{\partial x} v_x + \frac{\partial}{\partial y} v_y + \frac{\partial}{\partial z} v_z$$

$$\Delta u = \frac{\partial^2}{\partial x^2} u + \frac{\partial^2}{\partial y^2} u + \frac{\partial^2}{\partial z^2} u$$

$$\operatorname{grad} u = \begin{pmatrix} \frac{\partial}{\partial x} u \\ \frac{\partial}{\partial y} u \\ \frac{\partial}{\partial z} u \end{pmatrix} \qquad \operatorname{rot} \boldsymbol{v} = \begin{pmatrix} \frac{\partial}{\partial y} v_z - \frac{\partial}{\partial z} v_y \\ \frac{\partial}{\partial z} v_x - \frac{\partial}{\partial x} v_z \\ \frac{\partial}{\partial x} v_y - \frac{\partial}{\partial y} v_x \end{pmatrix}$$

Zylinderkoordinaten (z, r, φ):

$$\operatorname{div} \boldsymbol{v} = \frac{\partial v_z}{\partial z} + \frac{1}{r} \frac{\partial (r v_r)}{\partial r} + \frac{1}{r} \frac{\partial v_\varphi}{\partial \varphi}$$

$$\Delta u = \frac{\partial^2 u}{\delta z^2} + \frac{\partial^2 u}{\partial r^2} + \frac{1}{r} \frac{\partial u}{\partial r} + \frac{1}{r^2} \frac{\partial^2 u}{\partial \varphi^2}$$

$$\operatorname{grad} u = \begin{pmatrix} \frac{\partial u}{\partial z} \\ \frac{\partial u}{\partial r} \\ \frac{1}{r} \frac{\partial u}{\partial \varphi} \end{pmatrix} \qquad \operatorname{rot} \boldsymbol{v} = \begin{pmatrix} \frac{1}{r} \frac{\partial (r v_\varphi)}{\partial r} - \frac{1}{r} \frac{\partial v_r}{\partial \varphi} \\ \frac{1}{r} \frac{\partial v_z}{\partial \varphi} - \frac{\partial v_\varphi}{\partial z} \\ \frac{\partial v_r}{\partial z} - \frac{\partial v_z}{\partial r} \end{pmatrix}$$

Kugelkoordinaten (r, ϑ, φ):

$$\operatorname{div} \boldsymbol{v} = \frac{1}{r^2} \frac{\partial}{\partial r} (r^2 v_r) + \frac{1}{r \sin \vartheta} \frac{\partial}{\partial \vartheta} (v_\vartheta \sin \vartheta) + \frac{1}{r \sin \vartheta} \frac{\partial v_\varphi}{\partial \varphi}$$

$$\Delta u = \frac{\partial^2 u}{\partial r^2} + \frac{2}{r} \frac{\partial u}{\partial r} + \frac{1}{r^2} \frac{\partial^2 u}{\partial \vartheta^2} + \frac{1}{r^2} \cot \vartheta \frac{\partial u}{\partial \vartheta} + \frac{1}{r^2 \sin^2 \vartheta} \frac{\partial^2 u}{\partial \varphi^2}$$

$$\operatorname{grad} u = \begin{pmatrix} \frac{\partial u}{\partial r} \\ \frac{1}{r} \frac{\partial u}{\partial \vartheta} \\ \frac{1}{r \sin \vartheta} \frac{\partial u}{\partial \varphi} \end{pmatrix}$$

$$\operatorname{rot} \boldsymbol{v} = \begin{pmatrix} \frac{1}{r \sin \vartheta} \left(- \frac{\partial v_\vartheta}{\partial \varphi} + \frac{\partial}{\partial \vartheta} (v_\varphi \sin \vartheta) \right) \\ \frac{1}{r} \left(- \frac{\partial (r v_\varphi)}{\partial r} + \frac{1}{\sin \vartheta} \frac{\partial v_r}{\partial \varphi} \right) \\ - \frac{1}{r} \frac{\partial v_r}{\partial \vartheta} + \frac{1}{r} \frac{\partial (r v_\vartheta)}{\partial r} \end{pmatrix}$$

Durch Integration von Gl. (1.1) bzw. Gl. (1.4) über eine beliebige Fläche S, Anwendung des STOKESschen Satzes (vgl. z. B. [J 1])

$$\iint \operatorname{rot} \boldsymbol{v} \, \mathrm{d}\boldsymbol{s} = \oint \boldsymbol{v} \, \mathrm{d}\boldsymbol{l} \tag{1.8}$$

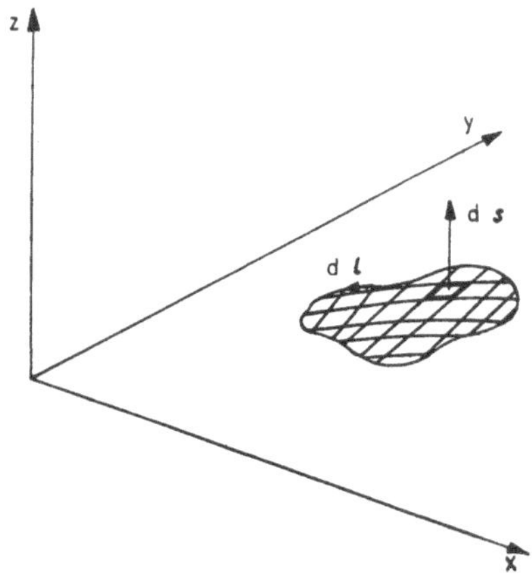

Abb. 1.1*a*. Zum STOKESschen Satz Gl. (1.8)
Die Umlaufsrichtung des Integrals über $\boldsymbol{l}$ bildet mit der Richtung von d$\boldsymbol{s}$ eine Rechtsschraube

(vgl. Abb. 1.1*a*) sowie Integration von Gl. (1.2) bzw. Gl. (1.3) über ein beliebiges Volumen und Anwendung des GAUSSschen Satzes (vgl. z. B. [J 1])

$$\iiint \operatorname{div} \boldsymbol{v} \, \mathrm{d}\tau = \oiint \boldsymbol{v} \, \mathrm{d}\boldsymbol{s} \tag{1.9}$$

(vgl. Abb. 1.1*b*) folgen aus den Gleichungen (1.1) bis (1.4) die Grundgleichungen (MAXWELLsche Gleichungen) in der integralen Schreibweise:

$$\oint \boldsymbol{E} \mathrm{d}\boldsymbol{l} = -\frac{1}{\nu'\gamma} \frac{\mathrm{d}}{\mathrm{d}t} \iint \boldsymbol{B} \mathrm{d}\boldsymbol{s}, \tag{1.10}$$

$$\oiint \boldsymbol{D}\mathrm{d}\boldsymbol{s} = 4\pi\nu \iiint \varrho\,\mathrm{d}\tau, \tag{1.11}$$

$$\oiint \boldsymbol{B}\mathrm{d}\boldsymbol{s} = 0, \tag{1.12}$$

$$\oint \boldsymbol{H}\mathrm{d}\boldsymbol{l} = \frac{4\pi}{\gamma} \iint \boldsymbol{J}\mathrm{d}\boldsymbol{s} + \frac{1}{\nu\gamma}\frac{\mathrm{d}}{\mathrm{d}t} \iint \boldsymbol{D}\mathrm{d}\boldsymbol{s}, \tag{1.13}$$

von denen die erste auch als Induktionsgesetz und die letzte als Durchflutungsgesetz bezeichnet wird.

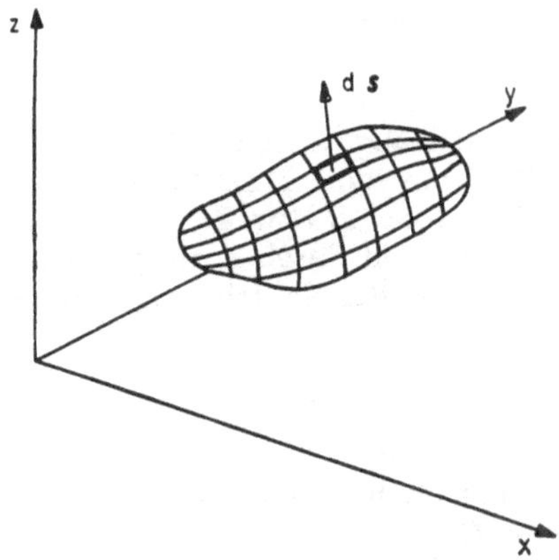

Abb. 1.1*b*. Zum GAUSSschen Satz Gl. (1.9)
d*s* steht senkrecht auf der Oberfläche von *V* und weist nach außen

Wie man durch Einsetzen der Konstanten nach Tab. 1.3 in die Gleichungen (1.1) bis (1.4) bzw. (1.10) bis (1.13) erkennt, sind die Grundgleichungen im praktischen Maßsystem frei von 4π, während sie im CGS-System zum Teil den Faktor 4π enthalten. Aus diesem Grund gehört das praktische Maßsystem zu den sog. rationalen und das CGS-System zu den sog. konventionellen Systemen.

1.1.3. Messung der elektrischen und magnetischen Grundgrößen

Da wir bei allen folgenden Berechnungen stets direkt oder indirekt auf die MAXWELLschen Gleichungen zurückgreifen werden, erscheint es zweckmäßig, noch einige Bemerkungen zur Messung der darin auftretenden Größen $\boldsymbol{E}$, $\boldsymbol{D}$, $\boldsymbol{H}$, $\boldsymbol{B}$, I, Q und der durch

$$\boldsymbol{E} = -\operatorname{grad} U \tag{1.14}$$

definierten elektrischen Spannung U (vgl. 2.1.) vorauszuschicken.

Der *elektrische Strom* I wird durch die Kraft gemessen, mit der sich zwei Leiter, die von diesem Strom durchflossen werden, im Vakuum anziehen. Der quantitative Zusammenhang zwischen I und der Kraft folgt dabei mittelbar aus den MAXWELLschen Gleichungen [vgl. Gl. (11.19), wobei $\boldsymbol{B}$ bzw. $\boldsymbol{H}$ gemäß einer der in 3.1. angegebenen Methoden durch I ausgedrückt wird]. Auf Grund der Definition des elektrischen Stromes,

$$I = \frac{\mathrm{d}Q}{\mathrm{d}t}, \tag{1.15}$$

ergibt sich damit auch gleichzeitig eine Meßmöglichkeit für die Ladung Q.

Die *elektrische Feldstärke* $\boldsymbol{E}$ wird nach Betrag und Richtung durch die Kraft $\boldsymbol{F}$ gemessen, die eine elektrische Punktladung Q in diesem Feld erfährt:

$$\boldsymbol{E} = \frac{\boldsymbol{F}}{Q}, \tag{1.16}$$

und die *elektrische Spannung* U (Potentialdifferenz zwischen zwei Raumpunkten) gemäß der Definition (1.14) durch die Arbeit W, die aufgewendet werden muß, um Q von dem einen zum anderen Punkt zu transportieren:

$$U = \frac{W}{Q}. \tag{1.17}$$

Die *elektrische Verschiebung* $\boldsymbol{D}$ kann man durch die elektrische Induktion messen, indem man ein Plattenpaar aus gut leitendem Material isoliert an den betreffenden Raumpunkt bringt. Die Platten werden zunächst in Kontakt gebracht, auseinandergezogen, und schließlich wird die Ladung Q gemessen. Gemäß der MAXWELLschen Gleichung (1.11) ergibt sich die Richtung von $\boldsymbol{D}$ als Senkrechte zur Orientierung des Plattenpaares, für die Q maximal ist, und der Betrag aus dem Quotienten Q_{max}/A. A bezeichnet dabei die Plattenfläche, die so klein gewählt werden muß, daß $\boldsymbol{D}$ in diesem Gebiet konstant ist.

Die *magnetische Induktion* $\boldsymbol{B}$ kann auf Grund der MAXWELLschen Gleichung (1.10) (vgl. auch 3.2.) nach Betrag und Richtung mit einer kleinen Induktionsspule gemessen werden. Dazu wird die Spule in dem betreffenden Raumpunkt um 180° gedreht und der induzierte Stromstoß $\left(\int I\,\mathrm{d}t\right)$ gemessen. Die Richtung der Spulenachse, für die der Stromstoß maximal wird, ergibt die Richtung von $\boldsymbol{B}$ und der zugehörige Stromstoß den Betrag von $\boldsymbol{B}$ bis auf einen Proportionalitätsfaktor (s. oben).

Die Messung der *magnetischen Feldstärke* $\boldsymbol{H}$ schließlich erfolgt am einfachsten dadurch, daß wir an den betreffenden Raumpunkt eine kleine ideale Spule (vgl. 3.1.) bringen. Dann ändern wir deren Richtung und den darin fließenden Strom so lange, bis eine kleine Magnetnadel im Innern der Spule kein Drehmoment mehr erfährt. Aus der zugehörigen Stromstärke ergibt sich der Betrag von $\boldsymbol{H}$ und aus der Orientierung der Spule die Richtung.

Um Mißverständnisse zu vermeiden, sei darauf hingewiesen, daß die hier beschriebenen Meßvorschriften durchaus nicht die einzig möglichen sind, sondern daß sie lediglich den Umgang mit den betreffenden physikalischen Größen erleichtern sollen. So kann beispielsweise die elektrische Spannung über die Selbstinduktivität auf eine Strommessung zurückgeführt werden oder die elektrische Ladung auf eine Messung der Abstoßungskräfte zwischen zwei gleichen Ladungen usw.

1.2. Komplexe Darstellung von Wechselströmen

Wir betrachten im folgenden zunächst nur Spannungen und Ströme, die sinusförmig von der Zeit abhängen, d. h. die proportional $\cos(\omega t + \varphi)$ sind, wobei ω die Kreisfrequenz und φ die Phase bedeutet.

Grundlage der komplexen Darstellung von Wechselströmen ist einerseits die Euler-Moivresche Beziehung

$$\exp(j\alpha) = \cos\alpha + j\sin\alpha \qquad (1.18)$$

mit $j = \sqrt{-1}$, auf Grund deren man

$$\cos(\omega t + \varphi) = \mathrm{Re}\,\{\exp(j\omega t + j\varphi)\} \qquad (1.19)$$

schreiben kann, und andererseits die Vereinbarung: „Man lasse das Zeichen Re bei der Aufstellung der Gleichungen und den Zwischenrechnungen weg und betrachte vom Resultat nur den Realteil."

Man kann damit also denselben physikalischen Sachverhalt auf zweierlei Weise darstellen: reell, d. h. mit den gewohnten Winkelfunktionen, oder komplex, wobei aber nur dem Realteil physikalische Bedeutung zukommt.

Bei dieser Darstellung ist es oft bequemer, anstelle der tatsächlichen (reellen) Amplituden ($\check{U}$, $\check{I}$) komplexe Amplituden ($\underline{U}$, $\underline{I}$) durch die Definitionen $U = \mathrm{Re}\,\{\underline{U} \times \exp(j\omega t)\}$ bzw. $I = \mathrm{Re}\,\{\underline{I}\exp(j\omega t)\}$ einzuführen, für die demnach

$$|\underline{U}| = \check{U}, \qquad |\underline{I}| = \check{I}$$

gilt.

Auf Grund von Gl. (1.19) lassen sich dann die folgenden einfachen Regeln leicht beweisen:

1. Die Addition oder Subtraktion der Winkelfunktionen ist durch die Addition bzw. Subtraktion der entsprechenden Exponentialfunktionen zu ersetzen.

2. Die Differentiation bzw. Integration der Winkelfunktionen nach der Zeit ist zu ersetzen durch eine Multiplikation der Exponentialfunktion mit $j\omega$ bzw. $1/j\omega$.

3. Multiplikationen und Divisionen sowie alle nichtlinearen Operationen sind nicht ersetzbar.

4. Die Berechnung der Wirkleistung $P = \overline{U(t)\,I(t)}$ erfolgt im Komplexen nach der Vorschrift $P = {}^1/_2 \operatorname{Re}\{\underline{U}\,\underline{I}^*\}$, wie man leicht durch Einsetzen von

$$U(t) = \check{U}\cos(\omega t + \alpha) \quad \text{bzw.} \quad \underline{U} = \check{U}\exp(j\alpha),$$

$$I(t) = \check{I}\cos(\omega t + \varphi) \quad \text{bzw.} \quad \underline{I} = \check{I}\exp(j\varphi)$$

beweisen kann.[1])

Wir wollen nun diese Regeln auf einfache (lineare) Netzwerke anwenden, an die eine Wechselspannung $U = \check{U}\cos\omega t$ angelegt werde (d. h., es ist $\underline{U} = \check{U}$):

Ohmscher Widerstand $(R = U/I)$

$$\text{reell: } I = \frac{\check{U}\cos\omega t}{R}, \qquad \text{also } \frac{U}{I} = R,$$

$$\text{komplex: } I = \operatorname{Re}\left\{\frac{\underline{U}\exp(j\omega t)}{R}\right\},$$

$$\text{also } \underline{I} = \frac{\underline{U}}{R} \quad \text{oder } \frac{\underline{U}}{\underline{I}} = R;$$

Induktivität $\left(L = U\Big/\dfrac{\mathrm{d}I}{\mathrm{d}t}\right)$

$$\text{reell: } I = \int_0^t \frac{U}{L}\,\mathrm{d}t = \frac{\check{U}\sin\omega t}{\omega L}, \quad \text{also } \frac{U}{I} = \omega L\cot\omega t,$$

[1]) Durch einen Stern wird dabei wie üblich die konjugiert komplexe Größe gekennzeichnet.

$$\text{komplex: } I = \operatorname{Re}\left\{\frac{\underline{U}\exp(j\omega t)}{j\omega L}\right\},$$

$$\text{also } \underline{I} = \frac{\underline{U}}{j\omega L} \quad \text{oder} \quad \frac{\underline{U}}{\underline{I}} = j\omega L;$$

Kapazität ($C = Q/U$)

$$\text{reell: } I = C\,\frac{\mathrm{d}U}{\mathrm{d}t} = -\,\omega C \check{U} \sin \omega t,$$

$$\text{also } \frac{U}{I} = -\,\frac{1}{\omega C} \cot \omega t,$$

$$\text{komplex: } I = \operatorname{Re}\{j\omega C \underline{U} \exp(j\omega t)\},$$

$$\text{also } \underline{I} = j\omega C \underline{U} \quad \text{oder} \quad \frac{\underline{U}}{\underline{I}} = \frac{1}{j\omega C}.$$

Das heißt also, während in der reellen Schreibweise Induktivitäten und Kapazitäten nicht wie gewöhnliche zeitunabhängige Widerstände behandelt werden dürfen, ist das in der komplexen Schreibweise möglich (das Verhältnis $\underline{U}/\underline{I}$ ist zeitunabhängig). Da außerdem wegen Regel *1* die Beziehungen über die Addition von Strömen und Spannungen (KIRCHHOFFsche Gesetze) auch in der komplexen Schreibweise gelten, können die komplexen Widerstände $j\omega L$ und $1/j\omega C$ wie ohmsche Widerstände addiert bzw. bei Parallelschaltung reziprok addiert werden.

Als Beispiel betrachten wir den Serienresonanzkreis in Abb. 1.2, der an eine Wechselspannung $U = \check{U} \cos \omega t$ angeschaltet sei.

a) Reelle Beschreibung. Die KIRCHHOFFsche Maschenregel (die Summe der Spannungen für einen Umlauf in einem geschlossenen Stromkreis ist unter Beachtung der Vorzeichen Null) liefert nach Abb. 1.2 die Differentialgleichung

$$0 = RI + L\frac{\mathrm{d}I}{\mathrm{d}t} + \frac{1}{C}\int I\,\mathrm{d}t - \check{U}\cos\omega t. \tag{1.20}$$

Einsetzen des Lösungsansatzes

$$I = \check{I}\cos(\omega t + \varphi) \tag{1.21}$$

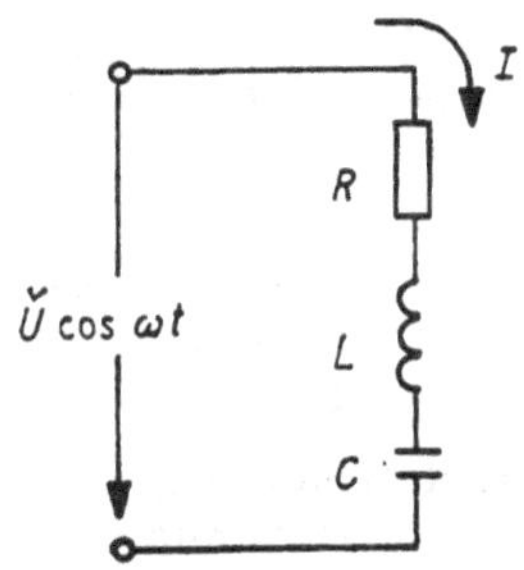

Abb. 1.2. Serienresonanzkreis
Spannungspfeile geben die Richtung der elektrischen Feldstärke (d. h. von + nach −) und Strompfeile die technische Stromrichtung (d. h. die Flußrichtung positiver Elektrizitätsträger) zu einem vorgegebenen Zeitpunkt an

ergibt nach einigen trigonometrischen Umformungen und Gleichsetzen der Koeffizienten der Terme mit $\sin\omega t$ bzw. $\cos\omega t$ die Lösung

$$\check{I} = \frac{\check{U}}{\sqrt{R^2 + \left(\omega L - \frac{1}{\omega C}\right)^2}},$$

$$\varphi = -\arctan\left(\frac{\omega L - \frac{1}{\omega C}}{R}\right). \tag{1.22}$$

b) komplexe Behandlung. Der Gesamtwiderstand $\underline{Z}$ des Schwingkreises ist die Summe der Einzelwiderstände,

$$\underline{Z} = R + j\omega L + \frac{1}{j\omega C} =$$
$$= \sqrt{R^2 + \left(\omega L - \frac{1}{\omega C}\right)^2} \exp(-j\varphi), \qquad (1.23)$$

mit demselben Winkel φ wie in Gl. (1.22). Damit wird der Strom

$$\underline{I} = \frac{\underline{U}}{\underline{Z}} = \frac{\underline{U}}{\sqrt{R^2 + \left(\omega L - \frac{1}{\omega C}\right)^2}} \exp(+j\varphi) \quad (1.24)$$

oder

$$I = \mathrm{Re}\,\{\underline{I}\exp(j\omega t)\} = \frac{\hat{U}\cos(\omega t + \varphi)}{\sqrt{R^2 + \left(\omega L - \frac{1}{\omega C}\right)^2}}, \qquad (1.25)$$

was mit dem Resultat der reellen Behandlung [Gln. (1.21) und (1.22)] übereinstimmt, aber wesentlich geringeren Rechenaufwand erforderte.

Die komplexe Darstellung läßt sich in einfacher Weise graphisch veranschaulichen. Die Größe $\check{U}\exp(j\omega t)$ kann in der GAUSSschen Zahlenebene durch einen Pfeil der Länge $\check{U}$ dargestellt werden, der um den Koordinatenursprung mit der Kreisfrequenz ω rotiert und dessen Projektion auf die reelle Achse den wirklichen Spannungsverlauf wiedergibt. Analog dazu werden die Ströme

$$\left.\begin{aligned} \underline{I}_R\exp(j\omega t) &= \frac{\check{U}}{R}\exp(j\omega t), \\ \underline{I}_L\exp(j\omega t) &= \frac{\check{U}}{j\omega L}\exp(j\omega t) = \\ &= \frac{\check{U}}{\omega L}\exp\left(j\left(\omega t - \frac{\pi}{2}\right)\right), \\ \underline{I}_C\exp(j\omega t) &= \check{U}j\omega C\exp(j\omega t) = \\ &= \check{U}\omega C\exp\left(j\left(\omega t + \frac{\pi}{2}\right)\right) \end{aligned}\right\} \qquad (1.26)$$

durch Pfeile dargestellt, die in Phase mit $\check{U}\exp(j\omega t)$ umlaufen $[\underline{I}_R \exp(j\omega t)]$ bzw. um 90° nach- $[\underline{I}_L \exp(j\omega t)]$ oder um 90° voreilen $[\underline{I}_C \exp(j\omega t)]$.

Statt die Pfeile selbst rotieren zu lassen, kann man sich zweckmäßigerweise das Koordinatensystem in entgegengesetzter Weise rotierend denken, so daß die Pfeile in der Zeichenebene ruhen. Dies entspricht einem Abtrennen des Faktors $\exp(j\omega t)$, so daß nur die komplexen Amplituden [z. B. $\underline{I}_C = \check{U}\omega C \exp(j\pi/2)$] übrigbleiben, die man auch Zeiger nennt. Abb. 1.3 zeigt als Anwendung das Zeigerdiagramm für einen Parallelschwingkreis.

Man erkennt insbesondere, daß für $\omega C = 1/\omega L$ der Strom I sehr klein wird und dieselbe Phase wie U besitzt (Resonanz, vgl. Abschnitt 6.2.).

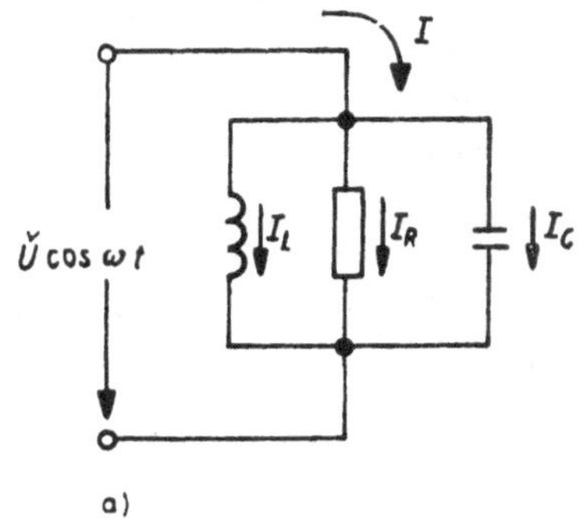

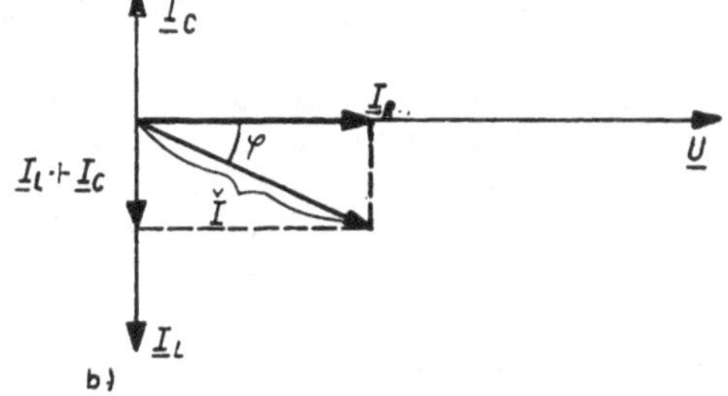

Abb. 1.3. Parallelschwingkreis (a) mit zugehörigem Zeigerdiagramm (b)

Bei der Aufgabe, das Zeigerdiagramm für die in Abb. 1.4 dargestellte Schaltung zu zeichnen, ergibt sich die Frage nach der graphischen Darstellung von

$$\underline{I}_L = \frac{\check{U}}{R_S + j\omega L}. \tag{1.27}$$

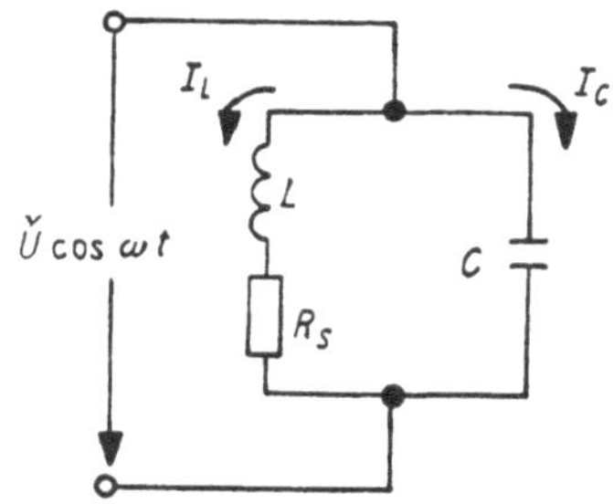

Abb. 1.4. Parallelschwingkreis, bei dem im Gegensatz zur Schaltung von Abb. 1.3 die Verluste durch einen ohmschen Widerstand in Reihe zur Induktivität dargestellt sind

Abgesehen von der Möglichkeit, den Nenner in Gl. (1.27) reell zu machen, d. h.

$$\underline{I}_L = \frac{\check{U}(R_S - j\omega L)}{R_S^2 + \omega^2 L^2} \tag{1.28}$$

zu zeichnen, gibt es noch eine rein graphische Methode, die als Inversion bezeichnet wird:

Zunächst trägt man $R_S + j\omega L$ auf und erhält damit (vgl. Abb. 1.5) den Winkel ψ. Dann zeichnet man vom Nullpunkt aus eine Gerade, die mit der reellen Achse den Winkel $-\psi$ bildet, sowie einen Kreis, dessen Mittelpunkt auf der reellen Achse an der Stelle $\check{U}/2R_S$ liegt und der den Radius $\check{U}/2R_S$ besitzt. Der Schnittpunkt der Geraden mit diesem Kreis ergibt dann unmittelbar den Zeiger $\underline{I}_L$.

Der Beweis hierfür ist leicht zu führen: Aus Gl. (1.28) ersieht man nämlich sofort, daß der Phasenwinkel von $\underline{I}_L$ mit dem negativen Wert des Phasenwinkels von $R_S + + j\omega L$ übereinstimmen muß. Außerdem läßt sich durch

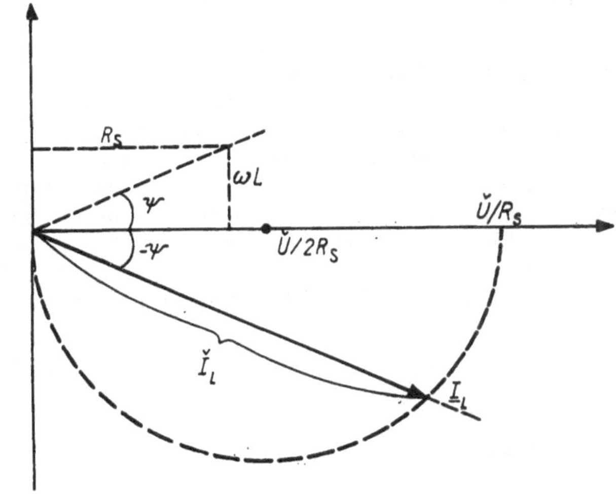

Abb. 1.5. Zur zeichnerischen Bestimmung von $\underline{I}_L = \check{U}/(R_S + j\omega L) = = \check{I}_L \exp(-j\psi)$

Anwendung des Kosinussatzes auf das Dreieck „Nullpunkt — Mittelpunkt des Kreises — Schnittpunkt zwischen Kreis und Gerade" leicht zeigen, daß der Abstand zwischen Nullpunkt und Schnittpunkt gleich $\check{I}_L$ ist:

$$\left(\frac{\check{U}}{2R_S}\right)^2 + \left(\frac{\check{U}}{2R_S}\right)^2 - 2\left(\frac{\check{U}}{2R_S}\right)^2 \cos(180° - 2\psi) = \check{I}_L^2 . \tag{1.29}$$

Aufgabe:

Man berechne die maximale Wirkleistung P_{max}, die eine Stromquelle mit der Urspannung $\check{U} \cos \omega t$ und dem Innenwiderstand $R + j\omega L$ an einen komplexen Arbeitswiderstand abgeben kann.

Lösung:

$$P_{\max} = \frac{\check{U}^2}{8R}.$$

1.3. Fourier- *und* Laplace-*Transformation*

Wir haben im vorigen Abschnitt gesehen, daß sich die Berechnung von elektrischen Kreisen, die ohmsche Widerstände, Induktivitäten und Kapazitäten enthalten, wesentlich durch Verwendung der komplexen Wechselstromrechnung vereinfacht. Diese Behandlung setzte voraus, daß R, L und C zeit-, strom- und spannungsunabhängig sind und daß die angelegte Wechselspannung eine sinusförmige Zeitabhängigkeit besitzt. Aufgabe dieses Abschnittes ist es, die Behandlung für die Fälle zu erweitern, in denen die *letzt*genannte Voraussetzung nicht gilt.

1.3.1. Die Fourier-*Transformation*

Die Funktion $U(t)$ soll die folgenden Eigenschaften erfüllen:

a) Sie besitze die Periode T, d. h., es sei $U(t + lT) = U(t)$, wobei $l = 0, \pm 1, \pm 2, \ldots$ ist.

b) Im Periodizitätsintervall $(t \cdots t + T)$ liegen nur endlich viele Maxima und Minima.

c) Sie sei bis auf endlich viele Sprungstellen im Periodizitätsintervall stetig.

Dann läßt sich $U(t)$ durch die konvergente Reihe (Fourier-Reihe)

$$U(t) = \frac{a_0}{2} + a_1 \cos\left(\frac{2\pi}{T}\,t\right) + a_2 \cos\left(2\,\frac{2\pi}{T}\,t\right) + \cdots$$
$$+ b_1 \sin\left(\frac{2\pi}{T}\,t\right) + b_2 \sin\left(2\,\frac{2\pi}{T}\,t\right) + \cdots \tag{1.30}$$

mit

$$\left.\begin{aligned} a_n &= \frac{2}{T} \int\limits_{t'}^{t'+T} U(t) \cos\left(n \frac{2\pi}{T} t\right) \mathrm{d}t, \\ b_n &= \frac{2}{T} \int\limits_{t'}^{t'+T} U(t) \sin\left(n \frac{2\pi}{T} t\right) \mathrm{d}t \end{aligned}\right\} \tag{1.31}$$

darstellen, wobei t' ein beliebiger Zeitpunkt ist und die Summe der rechten Seite von Gl. (1.30) an den Sprungstellen t_s der Funktion $U(t)$ den Wert

$$\lim_{\varepsilon \to 0} \frac{1}{2} \{U(t_s + \varepsilon) + U(t_s - \varepsilon)\}$$

liefert. Die Gln. (1.31) ergeben sich einfach, indem man Gl. (1.30) mit $\cos(n \cdot 2\pi t/T)$ bzw. $\sin(n \cdot 2\pi t/T)$ multipliziert und von t' bis $t' + T$ integriert.

Durch die Fourier-Reihenentwicklung Gl. (1.30) kann also praktisch jeder periodische Spannungsverlauf in einzelne Wechselspannungen mit sinusförmiger Zeitabhängigkeit zerlegt werden. Oft schreibt man die Fourier-Zerlegung auch komplex:

$$U(t) = \sum_{n=-\infty}^{+\infty} \underline{c}_n \exp\left(jn \frac{2\pi}{T} t\right) \tag{1.32}$$

mit

$$\underline{c}_n = \frac{1}{T} \int\limits_{t'}^{t'+T} U(t) \exp\left(-jn \frac{2\pi}{T} t\right) \mathrm{d}t. \tag{1.33}$$

Da $U(t)$ eine reelle Größe ist, muß

$$\underline{c}_{-n} = \underline{c}_n^* \tag{1.34}$$

sein, wie man sofort aus Gl. (1.33) abliest. Die Gleichungen (1.32) und (1.33) selbst lassen sich leicht mit

Hilfe der EULER-MOIVREschen Beziehung (1.18) auf die Gleichungen (1.30) und (1.31) zurückführen, wobei man die Beziehung

$$\underline{c}_n = \frac{a_n}{2} - j\,\frac{b_n}{2} \tag{1.35}$$

findet. Bei der Reihenentwicklung nach Gl. (1.32) treten auch Komponenten mit negativen Frequenzen ($n < 0$) auf. Eine solche Komponente, die zunächst nur eine reine Rechengröße darstellt, liefert mit der zugehörigen Komponente positiver Frequenz die entsprechende reelle Wechselspannung; denn es gilt

$$\underline{c}_n \exp\left(jn\,\frac{2\pi}{T}\,t\right) + \underline{c}_{-n} \exp\left(-\,jn\,\frac{2\pi}{T}\,t\right) =$$

$$= \check{U}_n \cos\left(n\,\frac{2\pi}{T}\,t + \varphi_n\right) \tag{1.36}$$

mit [vgl. Gl. (1.35)]

$$\check{U}_n = \sqrt{a_n^2 + b_n^2}, \qquad \varphi_n = -\arctan\left(\frac{b_n}{a_n}\right). \tag{1.37}$$

Berechnet man mit Hilfe der komplexen Wechselstromrechnung nach Abschnitt 1.2. für diese Wechselspannung den Strom durch den komplexen Leitwert

$$\underline{Y}\left(jn\,\frac{2\pi}{T}\right) = \left|\underline{Y}\left(jn\,\frac{2\pi}{T}\right)\right| \exp(j\alpha_n), \tag{1.38}$$

so erhält man

$$I = \operatorname{Re}\left\{\underline{Y}\left(jn\,\frac{2\pi}{T}\right)\,\check{U}_n \exp\left(j\left(n\,\frac{2\pi}{T}\,t + \varphi_n\right)\right)\right\} =$$

$$= \left|\underline{Y}\left(jn\,\frac{2\pi}{T}\right)\right|\,\check{U}_n \cos\left(n\,\frac{2\pi}{T}\,t + \varphi_n + \alpha_n\right). \tag{1.39}$$

An Stelle des Umwegs über die reelle Wechselspannung

$$\check{U}_n \cos(n \cdot 2\pi t/T + \varphi_n)$$

kann man aber auch mit den Komponenten $\underline{c}_n \exp(j\, n \times \times 2\pi t/T)$ der FOURIER-Entwicklung (1.32) selbst rechnen, wenn als Leitwert für eine negative Frequenz in der komplexen Wechselstromrechnung

$$\underline{Y}\left(-jn\frac{2\pi}{T}\right) = \underline{Y}^*\left(jn\frac{2\pi}{T}\right) = \left|\underline{Y}\left(jn\frac{2\pi}{T}\right)\right| \exp(-j\alpha_n) \tag{1.40}$$

definiert wird.

Es ergibt sich dann nämlich für die Summe der Ströme, die von den beiden Komponenten $\underline{c}_{\pm n} \exp(\pm\, jn \cdot 2\pi t/T)$ herrühren, derselbe Wert wie für den Strom infolge von $\check{U} \cos(n \cdot 2\pi t/T + \varphi_n)$.

In Tab. 1.5 sind für einige einfache periodische Funktionen die FOURIER-Reihen entsprechend den Gln. (1.30) und (1.31) angegeben.

Die bisherigen Überlegungen galten für periodische Funktionen $U(t)$. Mit wachsender Periode T, d. h. beim Übergang zur nichtperiodischen Funktion, wird der Abstand $(1/T)$ der einzelnen FOURIER-Komponenten auf der Frequenzachse immer kleiner, bis im Grenzfall aus dem Linienspektrum ein kontinuierliches Spektrum entsteht. Dieser Übergang läßt sich formal in folgender Weise durchführen: In den Gleichungen (1.30) und (1.31) ersetze man $n \cdot 2\pi/T$ durch ω und $2\pi/T$ durch dω und vollziehe dann den Grenzübergang $T \to \infty$, so daß man

$$U(t) = \int_0^\infty (a \cos \omega t + b \sin \omega t)\,\mathrm{d}\omega \tag{1.41}$$

mit

$$a = \frac{1}{\pi}\int_{-\infty}^{+\infty} U(t) \cos \omega t\,\mathrm{d}t, \quad b = \frac{1}{\pi}\int_{-\infty}^{+\infty} U(t) \sin \omega t\,\mathrm{d}t \tag{1.42}$$

Tabelle 1.5. FOURIER-Entwicklungen einiger einfacher periodischer Funktionen

Skizze	Bezeichnung	FOURIER-Entwicklung
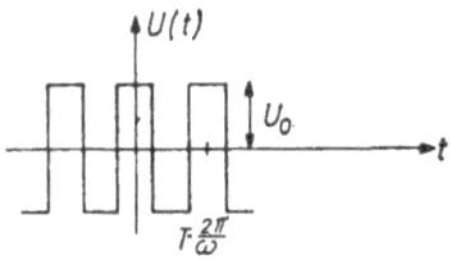	Mäanderkurve	$U(t) = \frac{4U_0}{\pi}\left(\cos\omega t - \frac{1}{3}\cos 3\omega t + \frac{1}{5}\cos 5\omega t \mp \cdots\right)$
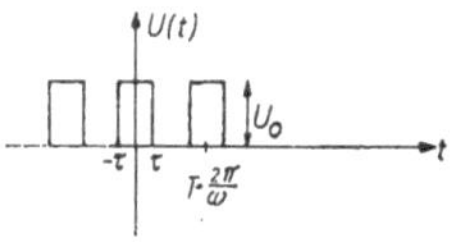	Rechteckimpulse	$U(t) = \frac{2U_0}{\pi}\left(\omega\tau + \frac{\sin\omega\tau}{1}\cos\omega t + \frac{\sin 3\omega\tau}{3}\cos 3\omega t + \cdots\right)$
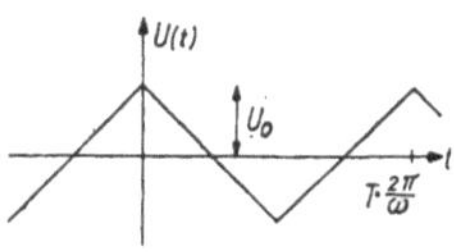	Dreieckkurve	$U(t) = \frac{8U_0}{\pi^2}\left(\cos\omega t + \frac{1}{9}\cos 3\omega t + \frac{1}{25}\cos 5\omega t + \cdots\right)$
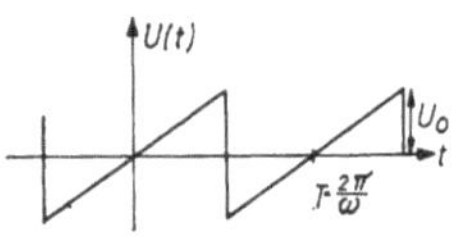	Sägezahnkurve	$U(t) = \frac{2U_0}{\pi}\left(\sin\omega t - \frac{1}{2}\sin 2\omega t + \frac{1}{3}\sin 3\omega t \mp \cdots\right)$
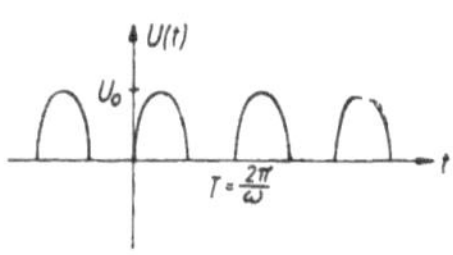	Sinushalbwelle	$U(t) = \frac{U_0}{2}\sin\omega t + \frac{2U_0}{\pi}\left\{\frac{1}{2} - \frac{\cos 2\omega t}{1\cdot 3} - \frac{\cos 4\omega t}{3\cdot 5} - \cdots\right\}$
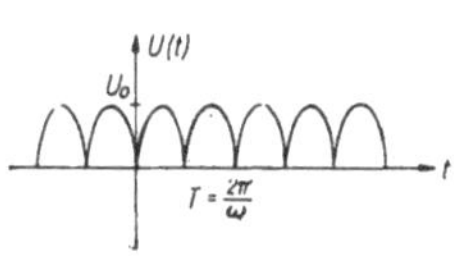	Betrag der Sinuskurve	$U(t) = \frac{4U_0}{\pi}\left\{\frac{1}{2} - \frac{\cos 2\omega t}{1\cdot 3} - \frac{\cos 4\omega t}{3\cdot 5} - \cdots\right\}$

erhält oder, in der komplexen Schreibweise analog zu den Gleichungen (1.32) und (1.33),

$$U(t) = \int_{-\infty}^{+\infty} \underline{c}(\omega) \exp(j\omega t) \, \mathrm{d} \frac{\omega}{2\pi}, \tag{1.43}$$

$$\underline{c}(\omega) = \int_{-\infty}^{+\infty} U(t) \exp(-j\omega t) \, \mathrm{d}t, \tag{1.44}$$

wobei

$$\underline{c}(-\omega) = \underline{c}^*(\omega) \tag{1.45}$$

sein muß, da $U(t)$ eine reelle Größe ist. Für die Gültigkeit der Entwicklungen nach Gl. (1.41) bzw. (1.42) muß außer den eingangs aufgeführten Bedingungen *b*) und *c*) noch die Konvergenz des Integrals

$$\int_{-\infty}^{+\infty} |U(t)| \, \mathrm{d}t$$

vorausgesetzt werden, die selbst bei einfachen Funktionen oft nicht gewährleistet ist (z. B. $U(t) = \text{const}$). Deshalb wird man nach Möglichkeit $U(t)$ durch eine periodische Funktion (mit entsprechend großem T) zu ersetzen versuchen oder auf die LAPLACE-Transformation zurückgreifen.

1.3.2. Die LAPLACE-*Transformation*

$F(t)$ sei eine stückweise stetige Funktion der Zeit, die für $t < 0$ den Wert Null besitzt und für $t > 0$ irgendwie von der Zeit abhängt (z. B. eine Einschaltspannung). Die FOURIER-Entwicklung wird dann im allgemeinen kaum anwendbar sein, da das Integral (1.44) nur in gewissen Fällen konvergiert. Wächst $F(t)$ für große t nicht stärker als $\exp(Kt)$, wobei K eine reelle positive Zahl ist, so kann die FOURIER-Entwicklung nach Gl. (1.43) für die Funktion $F(t) \cdot \exp(-\delta t)$ durchgeführt werden (δ ist reell und größer als K), da das Integral

$$\int_{-\infty}^{+\infty} |F(t) \exp(-\delta t)| \, \mathrm{d}t$$

konvergiert, und man erhält aus Gl. (1.44)

$$\underline{c}_\delta(\omega) = \int_0^{\infty} F(t) \exp(-\delta t - j\omega t) \, \mathrm{d}t, \tag{1.46}$$

wobei die untere Integrationsgrenze durch 0 ersetzt wurde, da $F(t) = 0$ für $t < 0$ sein soll. Für Gl. (1.43) folgt entsprechend ($t > 0$)

$$F(t) \exp(-\delta t) = \int_{-\infty}^{+\infty} \underline{c}_\delta(\omega) \exp(j\omega t) \, \mathrm{d}\frac{\omega}{2\pi}. \tag{1.47}$$

Bezeichnen wir $\delta + j\omega = p$ und $\underline{c}_\delta(\omega) = f(p)$, so ergibt sich aus Gl. (1.46)

$$f(p) = \int_0^{\infty} F(t) \exp(-pt) \, \mathrm{d}t \tag{1.48}$$

und aus Gl. (1.47)

$$F(t) = \frac{1}{2\pi j} \int_{\delta - j\infty}^{\delta + j\infty} f(p) \exp(pt) \, \mathrm{d}p. \tag{1.49}$$

Durch Gl. (1.48) wird also der Funktion $F(t)$ (Oberfunktion, Originalfunktion) eine Unterfunktion (Bildfunktion) $f(p)$ zugeordnet, die man als LAPLACE-Transformierte bezeichnet. Für Gl. (1.48) bzw. (1.49) schreibt man oft in abgekürzter Form

$$f(p) = \mathscr{L}\{F(t)\}; \quad F(t) = \mathscr{L}^{-1}\{f(p)\}. \tag{1.50}$$

Das Zeichen $\mathscr{L}\{\cdots\}$ soll dabei die Operation „Multiplikation mit $\exp(-pt)$ und Integration über t von 0 bis ∞" ausdrücken, stellt also einen Operator (wie z. B. $\mathrm{Re}\{\cdots\}$ oder $\mathrm{d}\{\cdots\}/\mathrm{d}t$ usw.) dar. Entsprechend bedeutet $\mathscr{L}^{-1}\{\cdots\}$ die inverse Operation. In der Literatur findet man mitunter auch [W 1] die Größe

$$f_w(p) = \mathscr{L}_w\{F(t)\} = p\int_0^\infty F(t)\exp(-pt)\,\mathrm{d}t \tag{1.51}$$

als LAPLACE-Transformierte definiert, die aus $f(p)$ einfach durch Multiplikation mit p folgt:

$$f_w(p) = pf(p). \tag{1.52}$$

Wir wollen im folgenden aber ausschließlich $f(p)$ als LAPLACE-Transformierte verwenden.

Ausgehend von den Gleichungen (1.48) und (1.49), lassen sich die folgenden Grundregeln ableiten:

1. Addition

$$\mathscr{L}\{F_1(t) + F_2(t) + \cdots\} = f_1(p) + f_2(p) + \cdots$$

2. Differentiation im Oberbereich

$$\mathscr{L}\{F^{(n)}(t)\} = p^n f(p) - p^{n-1}F(0) - \\ - p^{n-2}F^{(1)}(0) - \cdots - pF^{(n-2)}(0) - F^{n-1}(0),$$

wobei $F^{(n)}(t)$ die n-te Ableitung von $F(t)$ nach t bezeichnet und

$$F(0) = \lim_{+t\to 0} F(t),\quad F^{(1)}(0) = \lim_{+t\to 0} F^{(1)}(t)$$

usw. die rechtsseitigen Grenzwerte sind. Außerdem muß gewährleistet sein, daß die Ableitungen $F^{(1)}$, $F^{(2)}$, ... für *alle* $t > 0$ existieren.

3. Integration im Oberbereich

$$\mathscr{L}\left\{\int_0^{t_0}\mathrm{d}t_1\int_0^{t_1}\mathrm{d}t_2\cdots\int_0^{t_n-1}F(t_n)\,\mathrm{d}t_n\right\} = \frac{1}{p^n}f(p).$$

4. Ähnlichkeitssatz ($K > 0$, reell)

$$\mathscr{L}\{F(Kt)\} = \frac{1}{K} f\left(\frac{p}{K}\right).$$

5. Verschiebungssätze ($a > 0$, reell)

$$\mathscr{L}\{F(t-a)\} = f(p)\exp(-ap),$$

$$\mathscr{L}\{F(t+a)\} = \left(f(p) - \int_0^a F(t)\,\exp(-pt)\,\mathrm{d}t\right) \times \\ \times \exp(ap),$$

wobei auf Grund der Voraussetzung, daß die Oberfunktionen irgendwelche Funktionen für $t > 0$ sein können, aber für $t < 0$ verschwinden müssen,

$$F(t-a) = 0 \text{ für } t < a, \qquad F(t+a) = 0 \text{ für } t < 0$$

(vgl. Abb. 1.6) gilt.

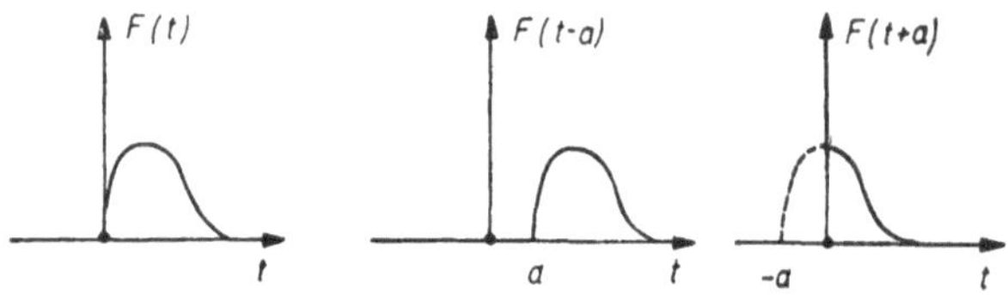

Abb. 1.6. Bedeutung der Funktionen $F(t)$ und $F(t \pm a)$ in den Verschiebungssätzen

6. LAPLACE-Transformation einer für $t > 0$ periodischen Funktion mit der Periode b ($b > 0$, reell)

$$\mathscr{L}\{F(t)\} = \big(1 - \exp(-bp)\big)^{-1} \int_0^b \exp(-pt)\,F(t)\,\mathrm{d}t.$$

7. Differentiation im Unterbereich

$$\mathscr{L}^{-1}\left\{\frac{\mathrm{d}^n f(p)}{\mathrm{d}p^n}\right\} = (-t)^n F(t).$$

8. Verschiebung im Unterbereich (b beliebig komplex)

$$\mathcal{L}^{-1}\{f(p+b)\} = e^{-bt}F(t).$$

9. Faltungssatz

$$\mathcal{L}^{-1}\{f_1(p)\cdot f_2(p)\} = \int_0^t F_1(\tau)F_2(t-\tau)\,d\tau =$$

$$= \int_0^t F_1(t-\tau)F_2(\tau)\,d\tau.$$

Die Regeln *2* und *3* bilden den Ausgangspunkt für die HEAVISIDEsche Operatorenrechnung; denn wenn man nur Zeitfunktionen betrachtet, die für $t = 0$ samt ihren Ableitungen verschwinden, so besagen diese Regeln, daß die Differentiation bzw. Integration durch Multiplikation mit dem Faktor p bzw. $1/p$ ersetzt wird. Wir wollen aber auf diese Behandlungsweise zugunsten der LAPLACE-Transformation verzichten.

Während die Transformation einer Zeitfunktion $F(t)$ in den Unterbereich nach Gl. (1.84) im allgemeinen relativ einfach durchführbar ist, bereitet die Rücktransformation, d. h. die Aufgabe, zu einer Unterfunktion die zugehörige Oberfunktion zu finden, oft erheblich mehr Schwierigkeiten. Der einfachste Weg ist die Verwendung von Tabellen, gegebenenfalls unter Benutzung der oben angegebenen Grundregeln. In Tab. 1.6 sind einige $F(t)$ mit den nach Gl. (1.48) berechneten LAPLACEschen Transformierten $f(p)$ aufgeführt.

Ausführlichere Tabellen finden sich bei DOETSCH [D 1], WAGNER [W 1], DOBESCH und SULANKE [D 2], ERDÉLYI [E 1] u. a.

Auf die verschiedenen mathematischen Methoden zur Rücktransformation (Umkehrintegral, HEAVISIDEsche Regel, Reihenentwicklung usw.) wollen wir hier nicht näher eingehen, da sie den Rahmen dieses Buches überschreiten.

Tabelle 1.6. Einige Korrespondenzen $F(t) \leftrightarrow f(p)$

$$f(p) = \mathscr{L}\,\{F(t)\} = \frac{f_w(p)}{p}$$

$F(t) = 0$ für $t < 0$

Lfd.Nr.	$f(p)$	$F(t)$ für $t > 0$
1	$\frac{1}{p}$	1
2	e^{-pt_0}	$\delta(t - t_0) \qquad (t_0 > 0)$
3	1	$\delta(t)$
4	$\frac{1}{p - a}$	e^{at}
5	$\frac{1}{p^2}$	t
6	$\frac{a}{p^2 + a^2}$	$\sin at$
7	$\frac{a}{p^2 - a^2}$	$\sinh at$
8	$\frac{1}{p(p - a)}$	$\frac{1}{a}(e^{at} - 1)$
9	$\frac{1}{(p - a)^2}$	$t e^{at}$
10	$\frac{1}{(p - a)(p - b)}$	$\frac{e^{at} - e^{bt}}{a - b}$
11	$\frac{1}{p^2 + a_1 p + a_0}$	
	$a_0 - \frac{a_1^2}{4} > 0$	$\frac{1}{\sqrt{a_0 - \frac{a_1^2}{4}}} e^{-a_1 t/2} \sin \sqrt{a_0 - \frac{a_1^2}{4}}\, t$
	$a_0 - \frac{a_1^2}{4} < 0$	$\frac{1}{\sqrt{\frac{a_1^2}{4} - a_0}} e^{-a_1 t/2} \sinh \sqrt{\frac{a_1^2}{4} - a_0}\, t$
12	$\frac{p}{p^2 + a^2}$	$\cos at$
13	$\frac{p}{p^2 - a^2}$	$\cosh at$

Lfd.Nr.	$f(p)$	$F(t)$ für $t > 0$
14	$\frac{p}{(p-a)^2}$	$(1 + at)e^{at}$
15	$\frac{p}{(p-a)(p-b)}$	$\frac{ae^{at} - be^{bt}}{a-b}$
16	$\frac{p}{p^2 + a_1 p + a_0}$ $a_0 - \frac{a_1^2}{4} > 0$	$\frac{1}{\sqrt{1 - \frac{a_1^2}{4a_0}}} e^{-a_1 t/2}$ $\times \sin\left(\sqrt{a_0 - \frac{a_1^2}{4}}\, t + \tau\right)$ $\tau = \arctan \frac{\sqrt{a_0 - \frac{a_1^2}{4}}}{-\frac{a_1}{2}}$
17	$\frac{1}{(p-a)(p-b)(p-c)}$	$\frac{(c-b)e^{at} + (a-c)e^{bt} + (b-a)e^{ct}}{(a-b)(a-c)(c-b)}$
18	$\frac{1}{(p-a)(p-b)^2}$	$\frac{e^{at} - [1 + (a-b)t]\, e^{bt}}{(a-b)^2}$
19	$\frac{1}{(p-a)^3}$	$\frac{1}{2} t^2 e^{at}$
20	$\frac{1}{p(p^2 + a^2)}$	$\frac{1}{a^2}(1 - \cos at)$
21	$\frac{p}{(p-a)(p-b)(p-c)}$	$\frac{a(b-c)e^{at} + b(c-a)e^{bt} + c(a-b)e^{c}}{(a-b)(b-c)(a-c)}$
22	$\frac{p}{(p-a)(p-b)^2}$	$\frac{a^2 e^{at} - [2ab - b^2 + b^2(a-b)t]\, e^{bt}}{(a-b)^2}$
23	$\frac{p}{(p-a)^3}$	$\left(t + \frac{1}{2} at^2\right) e^{at}$
24	$\frac{1}{p^n}$ $n > 0$, ganz	$\frac{1}{(n-1)!} t^{n-1}$
25	$\frac{\ln p}{p}$	$-\ln \gamma t$ mit $\gamma = \exp(0{,}577216 \cdots)$
26	$\frac{\ln p}{p^{n+1}}$	$\frac{t^n}{n!}\left[1 + \frac{1}{2} + \frac{1}{3} + \cdots \frac{1}{n} - \ln \gamma t\right]$

Lfd.Nr.	$f(p)$	$F(t)$ für $t > 0$
27	$\ln \frac{p-a}{p-b}$	$\frac{e^{bt} - e^{at}}{t}$
28	$\ln \frac{p^2 + a^2}{p^2 + b^2}$	$\frac{2}{t} (\cos bt - \cos at)$
29	$\frac{1}{p\sqrt{p}}$	$2\sqrt{\frac{t}{\pi}}$
30	$\frac{1}{\sqrt{p+a}}$	$\frac{e^{-at}}{\sqrt{\pi t}}$
31	$\frac{1}{(p+a)^\nu}$, $\mathrm{Re}\,\{\nu\} > 0$	$\frac{t^{\nu-1}}{\Gamma(\nu)} e^{-at}$
32	$\frac{1}{p^n\sqrt{p}}$	$\frac{t^n}{\frac{1}{2}\cdot\frac{3}{2}\cdots\left(n-\frac{1}{2}\right)\sqrt{\pi t}}$
33	$\frac{1}{(p+\alpha)\sqrt{p+\beta}}$	$\frac{2e^{-\alpha t}}{\sqrt{\pi(\beta-\alpha)}} \int\limits_0^{\sqrt{(\beta-\alpha)t}} e^{-\xi^2}\, d\xi$
34	$\frac{\sqrt{p+\alpha}}{p}$	$\frac{e^{-\alpha t}}{\sqrt{\pi t}} + 2\sqrt{\frac{\alpha}{\pi}} \int\limits_0^{\sqrt{\alpha t}} e^{-\xi^2}\, d\xi$
35	$\frac{1}{\sqrt{(p+\alpha)(p+\beta)}}$	$e^{-(\alpha+\beta)t/2}\, I_0\left(\frac{\alpha-\beta}{2}\, t\right)$
36	$\frac{1}{\sqrt{p^2 + 2ap + b^2}}$	$e^{-at} J_0\left(t\sqrt{b^2 - a^2}\right)$
37	$\frac{\left(\sqrt{p^2+\alpha^2} - p\right)^\nu}{\sqrt{p^2+\alpha^2}}$, $\mathrm{Re}\,\{\nu\} > -1$	$\alpha^\nu J_\nu(\alpha t)$
38	$\frac{\left(p - \sqrt{p^2-\alpha^2}\right)^\nu}{\sqrt{p^2-\alpha^2}}$, $\mathrm{Re}\,\{\nu\} > -1$	$\alpha^\nu I_\nu(\alpha t)$
		$I_\nu(x) = j^{-\nu} J_\nu(jx)$, wobei J_ν die BESSEL-Funktion ν-ter Ordnung ist

Das Programm für die Anwendung der LAPLACE-Transformation zur Lösung von linearen Differentialgleichungen mit konstanten Koeffizienten (d. h., R, L und C sind weder vom Strom bzw. der Spannung noch von der Zeit abhängig) läßt sich also folgendermaßen zusammenfassen:

1. Aufstellung der Differentialgleichung(en),
2. Transformation in den Unterbereich,
3. Auflösung nach der gesuchten Unterfunktion,
4. Rücktransformation in den Oberbereich.

Sind insbesondere alle Anfangswerte gleich Null (d. h., sind zur Zeit $t = 0$ alle Spulen stromlos und alle Kondensatoren ladungsfrei), so kann man sich (vgl. Regel *2*, S. 45) die ersten drei Schritte sparen, indem man einfach das Resultat der komplexen Wechselstromrechnung übernimmt und $j\omega$ durch p und die sinusförmige EMK durch die LAPLACE-Transformierte der wahren EMK ersetzt.

Für den Serienschwingkreis (Abb. 1.2, S. 33) erhält man also aus

$$\underline{I} = \frac{\underline{U}}{\underline{Z}} = \frac{\underline{U}}{R + j\omega L + 1/j\omega C} \tag{1.53}$$

sofort die Gleichung

$$I(p) = \frac{\mathscr{L}\{U(t)\}}{R + pL + 1/pC} \tag{1.54}$$

und braucht, nachdem man $\mathscr{L}\{U(t)\}$ bestimmt hat, nur noch in den Oberbereich zurückzutransformieren.

Aufgabe:

Man berechne $I(t)$ nach Gl. (1.54) für $U(t) = \delta(t)$ und $R^2C \ll L$.

Lösung: $I(t) = -\exp(-Rt/2L)\cos\left(\frac{t}{\sqrt{LC}}\right)$.

1.3.3. *Zur mathematischen Behandlung von Rauschspannungen*

Als Beispiel für die Rauschspannungen $U(t)$, mit denen wir uns im folgenden beschäftigen, betrachten wir die spontanen Spannungsschwankungen an den Klemmen eines ohmschen Widerstandes (thermisches Rauschen). Diese Rauschspannungen besitzen, wenn wir sie durch einen Schreiber aufzeichnen lassen, etwa den in Abb. 1.7 dargestellten Verlauf. Sie sind stationär, d. h., die Mittel-

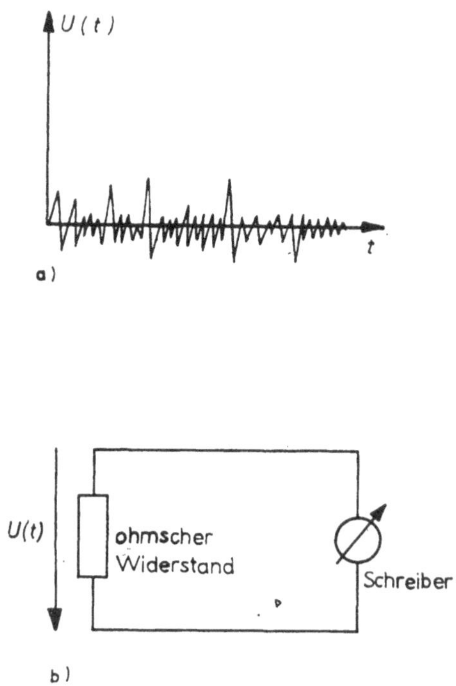

Abb. 1.7. Thermisches Rauschen
a) zeitlicher Verlauf einer Rauschspannung; *b*) experimentelle Anordnung

werte hängen nicht von der Zeit ab, und ergodisch, d. h., das Zeitmittel ist gleich dem Scharmittel (Mittelwert der Spannungen vieler gleicher Widerstände). Wir nehmen an, daß der Mittelwert verschwindet, d. h., daß

$$\langle U \rangle = 0 \tag{1.55}$$

ist, was sich in jedem Fall leicht erreichen läßt, indem man U als Differenz zum Mittelwert definiert. Dann gilt in den meisten Fällen für die Wahrscheinlichkeit (in einem beliebigen Zeitpunkt), eine Spannung zwischen U und $U + \mathrm{d}U$ vorzufinden,

$$p(U)\,\mathrm{d}U = \frac{1}{\sqrt{2\pi\,\langle U^2 \rangle}} \exp\left(-\frac{1}{2}\left(\frac{U}{\sqrt{\langle U^2 \rangle}}\right)^2\right)\mathrm{d}U, \tag{1.56}$$

und man sieht

$$\langle U^n \rangle = \int_{-\infty}^{+\infty} p(U)\,U^n\,\mathrm{d}U =$$

$$= \begin{cases} 1 \cdot 3 \cdot 5 \cdots (2k-1)\,\langle U^2 \rangle^k & \text{für } n = 2k \\ 0 & \text{für } n = 2k+1 \end{cases}$$

mit $k = 0, 1, 2, \ldots$

Um den Zusammenhang zeitlich aufeinanderfolgender Spannungen zu charakterisieren, definiert man die Autokorrelationsfunktion

$$G(s) = \langle U(t)\,U^*(t+s) \rangle, \tag{1.58}$$

wobei der Stern in unserem Fall überflüssig ist, da U eine reelle Größe darstellt. Diese Funktion besitzt die folgenden Eigenschaften:

1. Sie ist unabhängig von der Zeit t, da das Schar- bzw. Zeitmittel nicht von der Zeit abhängt.

2. Sie ist symmetrisch bezüglich s; denn es gilt

$$\langle U(t)\,U(t+s)\rangle = \langle U(t+s)\,U(t)\rangle = \langle U(t')\,U(t'-s)\rangle = \\ = \langle U(t)\,U(t-s)\rangle, \tag{1.59}$$

wobei zunächst $t' = t + s$ gesetzt wurde.

3. Es gilt gemäß Definition

$$G(0) = \langle U^2\rangle. \tag{1.60}$$

4. Die Rauschspannung $U(t+s)$ kann man für $s \geqq 0$ gemäß der Gleichung

$$U(t+s) = \frac{G(s)}{G(0)}\,U(t) + \sqrt{1 - \left(\frac{G(s)}{G(0)}\right)^2}\,U'(t)$$

in Komponenten zerlegen, wobei $U'(t)$ dieselben Eigenschaften wie $U(t)$ hat, jedoch zu $U(t)$ unkorreliert ist.

Aufgabe:

Man beweise diese Gleichung durch Bildung der Korrelationsfunktion und des quadratischen Mittelwertes von U.

Oft findet man eine exponentielle Zeitabhängigkeit:

$$G(s) = G(0)\exp\left(-\frac{|s|}{\tau}\right), \tag{1.61}$$

und man nennt dann τ die Korrelationszeit der Rauschspannung.

Eine Fourier-Zerlegung des Rauschens ist ohne weiteres nicht möglich, da die Rauschspannung keine Periodizität aufweist (Fourier-Reihe verboten) und auch im Unendlichen nicht verschwindet (FOURIER-Integral verboten). Man kann sich aber durch die Einführung einer Hilfsgröße $X(t)$ behelfen, die folgendermaßen definiert wird: Für $0 \leqq t < T_0$ ist $X(t) = U(t)$, und außerhalb dieses Intervalls wiederhole sie sich periodisch mit T_0, also $X(t \pm kT_0) = X(t)$ mit $k = 0, 1, 2, 3, \ldots$ Dann können wir $X(t)$ in eine FOURIER-Reihe entwickeln und erhalten [vgl. Gln. (1.32)ff.]

$$X(t) = \sum_{n=-\infty}^{+\infty} \underline{c}_n \exp(j\omega_n t), \tag{1.62}$$

$$\underline{c}_n = \frac{1}{T_0} \int_0^{T_0} X(t) \exp(-j\omega_n t)\,\mathrm{d}t, \tag{1.63}$$

$$\omega_n = \frac{2\pi n}{T_0} = 2\pi n \Delta f \quad \left(\Delta f = \frac{1}{T_0}\right), \tag{1.64}$$

$$\underline{c}_{-n} = \underline{c}_n^*. \tag{1.65}$$

Wir nennen X_n die FOURIER-Komponente mit der Frequenz ω_n, also

$$\begin{aligned} X_n &= \underline{c}_n \exp(j\omega_n t) + \underline{c}_{-n} \exp(-j\omega_n t) \\ &= |\underline{c}_n| \{\exp(j\omega_n t + j\varphi_n) + \exp(-j\omega_n t - j\varphi_n)\} \\ &= 2\,|\underline{c}_n| \cos(\omega_n t + \varphi_n) \\ &= \check{X}_n \cos(\omega_n t + \varphi_n) \end{aligned} \tag{1.66}$$

mit

$$\cos\varphi_n = \frac{\mathrm{Re}\,\{\underline{c}_n\}}{|\underline{c}_n|}, \tag{1.67}$$

$$\check{X}_n = 2\,|\underline{c}_n|, \tag{1.68}$$

und erhalten z. B. das in Abb. 1.8 dargestellte Resultat.

Wir berechnen nun die Größe

$$\langle \check{X}_n^2 \rangle = 4 \langle \underline{c}_n \underline{c}_n^* \rangle = 4 \langle \underline{c}_n \underline{c}_{-n} \rangle =$$

$$= \frac{4}{T_0^2} \int_0^{T_0} \int_0^{T_0} \langle X(u) X(v) \rangle \exp\big(-j\omega_n (u - v)\big) \, \mathrm{d}u \, \mathrm{d}v. \tag{1.69}$$

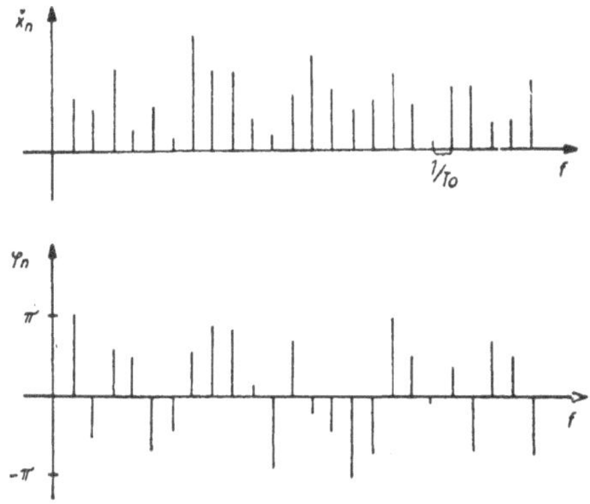

Abb. 1.8. Beispiel für die Fourier-Koeffizienten $\check{X}_n$ und die Phasenwinkel φ_n der Hilfsgröße $X(t)$

Mit $v - u = s$ und der Autokorrelationsfunktion von X,

$$G_X(s) = \langle X(u) X(u + s) \rangle, \tag{1.70}$$

folgt

$$\frac{T_0^2}{4} \langle \check{X}_n^2 \rangle = \int_0^{T_0} \mathrm{d}u \int_0^{T_0} \mathrm{d}v \, G_X(s) \exp(j\omega_n s) =$$

$$= \int_0^{T_0} \mathrm{d}u \int_{-u}^{T_0 - u} \mathrm{d}s \, G_X(s) \exp(j\omega_n s) =$$

$$= \int_0^{T_0} \mathrm{d}u \left\{ - \int_0^{-u} G_X(s) \exp(j\omega_n s)\, \mathrm{d}s + \right.$$

$$\left. + \int_0^{T_0-u} G_X(s) \exp(j\omega_n s)\, \mathrm{d}s \right\} \tag{1.71}$$

oder nach partieller Integration

$$\frac{T_0^2}{4} \langle \check{X}_n^2 \rangle = \left[\left(- \int_0^{-u} \mathrm{d}s\, G_x(s) \exp(j\omega_n s) \right) u \right]_0^{T_0} -$$

$$- \int_0^{T_0} G_X(-u) \exp(-j\omega_n u) u \,\mathrm{d}u +$$

$$+ \left[\left(\int_0^{T_0-u} \mathrm{d}s\, G_X(s) \exp(j\omega_n s) \right) u \right]_0^{T_0} +$$

$$+ \int_0^{T_0} \{ G_X(T_0 - u) \exp(j\omega_n (T_0 - u)) \} u \,\mathrm{d}u =$$

$$= - \int_0^{-T_0} \mathrm{d}s\, G_X(s) \exp(j\omega_n s) T_0 -$$

$$- \int_0^{-T_0} G_X(u) \exp(j\omega_n u) u \,\mathrm{d}u +$$

$$+ \int_{T_0}^{0} G_X(T_0 - u) \exp\big(+j\omega_n (T_0 - u)\big) \big((T_0 - u) -$$

$$- T_0\big) \mathrm{d}(T_0 - u) =$$

$$= \int_{-T_0}^{0} G_X(s) \exp(j\omega_n s)(T_0 + s)\, \mathrm{d}s +$$

$$+ \int_0^{T_0} G_X(s) \exp(j\omega_n s)(T_0 - s)\, \mathrm{d}s. \tag{1.72}$$

Da $G_X(s)$ für $s \gg \tau$ (τ = Korrelationszeit) verschwindet und leicht $T_0 \gg \tau$ gewählt werden kann, erhalten wir

$$\langle \check{X}_n^2 \rangle = \frac{4}{T_0^2} \int_{-T_0}^{+T_0} G_X(s) \exp(j\omega_n s) T_0 \mathrm{d}s. \tag{1.73}$$

Nun ist $G_X(s)$ symmetrisch, also wird

$$\langle \check{X}_n^2 \rangle = \frac{8}{T_0} \int_0^{T_0} G_X(s) \cos \omega_n s \, \mathrm{d}s \tag{1.74}$$

oder, wegen $T_0 \gg \tau$ und $1/T_0 = \Delta f$,

$$\langle \check{X}_n^2 \rangle = 8 \int_0^{\infty} G_X(s) \cos \omega_n s \, \mathrm{d}s \, \Delta f. \tag{1.75}$$

Mit dem Grenzübergang $T_0 \to \infty$ wird $X(t) = U(t)$, d. h. $G_X(s) = G(s)$, und aus dem FOURIER-Linienspektrum (Abstand $\Delta f = 1/T_0$) ein kontinuierliches Spektrum. Die Größe

$$\lim_{\Delta f \to 0} \frac{\left\langle \frac{1}{2} \check{X}_n^2 \right\rangle}{\Delta f} = \lim_{\Delta f \to 0} \frac{\langle X_n^2 \rangle}{\Delta f} \tag{1.80}$$

wird als Spektraldichtefunktion $w(f)$ bezeichnet, und es gilt dann

$$w(f) = 4 \int_0^{\infty} G(s) \cos \omega s \, \mathrm{d}s. \tag{1.81}$$

Das Umkehrintegral folgt aus den Gln. (1.41) und (1.42) unter Beachtung der Tatsache, daß $G(s)$ eine symmetrische Funktion ist, zu

$$G(s) = \int_0^\infty w(f) \cos \omega s \, \mathrm{d}f \tag{1.82}$$

(WIENER-KHINTCHINEsche Beziehungen).

Nach dem Grenzübergang $T_0 \to \infty$ verliert der Begriff FOURIER-Komponente seinen Sinn und wird durch die Spektraldichte $w(f)$ ersetzt. Die Bezeichnung rührt daher, daß $w(f)$ die Rauschleistung pro Hertz Bandbreite angibt, die an einem Widerstand von $1\,\Omega$ in Wärme umgesetzt werden kann, denn $\langle {}^1/_2 \check{X}_n^2 \rangle$ ist ja gemäß Gl. (1.66) gleich $\langle X_n^2 \rangle$.

Mitunter definiert man als Spektraldichte auch die Hälfte des in (1.80) aufgeschriebenen Grenzwertes und läßt negative Frequenzen zu, um den WIENER-KHINTCHINEschen Beziehungen eine symmetrische Form zu geben. Einen Überblick vermittelt Tab. 1.7.

Tabelle 1.7. Definition der Spektraldichte und die WIENER-KHINTCHINEschen Beziehungen

Autokorrelationsfunktion $G(s) = \langle U(t)\, U(t+s) \rangle = G(-s)$

Spektraldichten (die Hilfsgröße $X(t)$ ist für $0 \leq t < T_0$ mit $U(t)$ identisch und besitzt die zusätzliche Eigenschaft $X(t \pm k T_0) = X(t)$ mit $k = 0, 1, 2, \ldots$)

1. Definition:
$$w(f) = \lim_{\Delta f \to 0} \frac{\left\langle \frac{1}{2} \check{X}_n^2 \right\rangle}{\Delta f} = \lim_{\Delta f \to 0} \frac{\langle X_n^2 \rangle}{\Delta f} \quad \text{mit} \quad \Delta f = \frac{1}{T_0}$$

2. Definition
$$w'(f) = w'(-f) = \frac{1}{2} w(f)$$

WIENER-KHINTCHINEsche Beziehungen:

$$w(f) = 4 \int_0^\infty G(s) \cos \omega s \, \mathrm{d}s \qquad G(s) = \int_0^\infty w(f) \cos \omega s \, \mathrm{d}f$$

$$w'(f) = \int_{-\infty}^{+\infty} G(s) \exp(j\omega s) \, \mathrm{d}s \qquad G(s) = \int_{-\infty}^{+\infty} w'(f) \exp(-j\omega s) \, \mathrm{d}f$$

Für praktische Rechnungen (zumindest an linearen Systemen) ist aber das Arbeiten mit der Spektraldichte oft unbequem, und man geht folgenden Weg:

Wir wählen $T_0 = 1/\Delta f$ so groß, daß

$$|\,\underline{Y}(f \pm \Delta f) - \underline{Y}(f)\,| \ll |\,\underline{Y}(f)\,| \qquad (1.83)$$

für beliebige f gilt, wobei $\underline{Y}$ die komplexe Übertragungsfunktion der betrachteten Vierpole ist. Dann gibt es meßtechnisch keinen Unterschied zwischen $U(t)$ und der Hilfsgröße $X(t)$, d. h., die wahre Rauschspannung $U(t)$ läßt sich durch ein FOURIER-Linienspektrum (mit dem Linienabstand $\Delta f = 1/T_0$) ersetzen. Für die Komponenten dieses Spektrums schreiben wir

$$U_f = \check{U}_f \cos(2\pi f t + \varphi_f), \qquad (1.84)$$

wobei

$$f = n\Delta f = \frac{n}{T_0} \qquad (1.85)$$

mit $n = 0, 1, 2, \ldots$ ist. φ_f kann dabei einen beliebigen Wert zwischen $-\pi$ und $+\pi$ annehmen.

Die Scheitelwerte $\check{U}_f$ liegen im Bereich 0 bis $+\infty$, jedoch dürfen die verschiedenen Werte für $\check{U}_f$ nur mit einer solchen Wahrscheinlichkeit vorkommen, daß

$$\langle \check{U}_f^2 \rangle = 8 \int\limits_0^\infty \langle U(t)\,U(t+s) \rangle \cos \omega s \,\mathrm{d}s \qquad (1.86)$$

gilt. Man findet leicht, daß die Umkehrung dieser Formel

$$\langle U(t)\,U(t+s) \rangle = \int\limits_0^\infty \frac{\frac{1}{2}\langle \check{U}_f^2 \rangle}{\Delta f} \cos \omega s \,\mathrm{d}f \qquad (1.87)$$

liefert und damit insbesondere

$$\langle U^2(t)\rangle = \int_0^\infty \frac{\frac{1}{2}\langle \check{U}_f^2\rangle}{\Delta f}\, \mathrm{d}f. \tag{1.88}$$

Aufgaben:

Für die Rauschspannung eines ohmschen Widerstandes R liefert eine thermodynamische Überlegung (NYQUIST-Formel)

$$\langle U_f^2\rangle = 4\,k\,T\,R\,\Delta f = \frac{1}{2}\langle \check{U}_f^2\rangle.$$

1. Man berechne das mittlere Rauschspannungsquadrat ($\langle U_2^2\rangle$) nach Durchgang dieses Rauschens durch einen (rauschfreien) Vierpol mit der komplexen Übertragungsfunktion $\underline{Y}(f)$.

Lösung: $$\langle U_2^2\rangle = 4\,k\,T\,R\int_0^\infty |\underline{Y}(f)|^2\,\mathrm{d}f.$$

2. Man bestimme die Autokorrelationsfunktion am Ausgang eines RC-Gliedes, d. h. für $\underline{Y}(f) = 1/(1 + j\,\omega\,\tau)$

Lösung: $$\langle U_2(t)\,U_2(t+s)\rangle = \frac{k\,T\,R}{\tau}\exp\left(-\frac{|s|}{\tau}\right).$$

2. Kapazitäten

2.1. Prinzip der Kapazitätsberechnung

Die Kapazität C zwischen zwei Leitern ist definiert durch die Beziehung

$$C = \frac{Q}{U}, \tag{2.1}$$

wobei Q die Ladung auf einem der beiden Leiter ist, wenn zwischen ihnen die Spannung U herrscht. Als einfachstes Beispiel berechnen wir zunächst die Kapazität des idealen Plattenkondensators: Der Abstand der beiden Platten sei l und ihre Fläche $A = \pi r^2$ mit

$$l \ll r \tag{2.2}$$

(idealer Plattenkondensator). Dann verlaufen praktisch alle Feldlinien zwischen den beiden Platten parallel (homogenes Feld), und die MAXWELLsche Gleichung (1.11),

$$\oiint \boldsymbol{D}\, \mathrm{d}\mathbf{s} = 4\pi\nu \iiint_V \varrho\, \mathrm{d}\tau,$$

angewandt auf die Ladung der oberen Platte, vereinfacht sich zu (vgl. Abb. 2.1)

$$D_z A = 4\pi\nu Q. \tag{2.4}$$

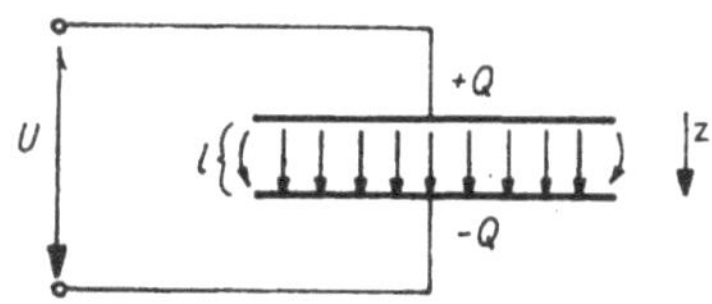

Abb. 2.1. Feldlinienverlauf im idealen Plattenkondensator
Das Randfeld ist wegen der Bedingung (2.2) vernachlässigbar

Mit der Beziehung (1.5),

$$\boldsymbol{D} = \nu\varepsilon\varepsilon_\mathrm{V}\boldsymbol{E},$$

folgt also

$$E_z = +\frac{4\pi}{\varepsilon\varepsilon_\mathrm{V}}\frac{Q}{A}. \tag{2.5}$$

Für ein homogenes Feld wird der Zusammenhang zwischen elektrischer Feldstärke und Spannung durch die Definition

$$|\boldsymbol{E}| = \frac{U}{l} \tag{2.6}$$

gegeben, aus der mit $|\boldsymbol{E}| = +E_z$ und Gl. (2.5)

$$\frac{U}{l} = \frac{4\pi}{\varepsilon\varepsilon_V}\frac{Q}{A} \tag{2.7}$$

oder [vgl. Gl. (2.1)]

$$C = \frac{Q}{U} = \frac{\varepsilon\varepsilon_V A}{4\pi l} \tag{2.8}$$

folgt.

Diese einfache Berechnung der Kapazität war möglich, da der Feldlinienverlauf aus Symmetriegründen als bekannt vorausgesetzt werden konnte, so daß die Anwendung der MAXWELLschen Gleichung (1.11), der Materialgleichung (1.5) und der Definitionsgleichung (2.6) sofort die Kapazität lieferte.

Zur Berechnung der Kapazitäten von beliebigen Leiteranordnungen muß zunächst die Definitionsgleichung (2.6) auf inhomogene Felder erweitert werden: Auf Grund von Gl. (1.10) ist bei Abwesenheit zeitlich veränderlicher Magnetfelder, was wir voraussetzen wollen, $\int \boldsymbol{E}\,\mathrm{d}\boldsymbol{l}$ unabhängig vom Weg, d. h. nach Festlegung der unteren Integrationsgrenze eine reine Ortsfunktion. Damit ist also auch das durch

$$\Phi(\boldsymbol{r}) = -\int_{\boldsymbol{r}_0}^{\boldsymbol{r}} \boldsymbol{E}\,\mathrm{d}\boldsymbol{l} \tag{2.9}$$

definierte Potential $\Phi(\boldsymbol{r})$ des elektrischen Feldes eine reine Ortsfunktion. Da in einem stromlosen elektrischen Leiter $\boldsymbol{E} = 0$ [vgl. Gl. (1.7)] sein muß, ist Φ auf dem Leiter konstant, und die Spannung zwischen zwei Leitern erweist sich als Differenz ihrer Potentiale, wie man z. B. leicht durch Anwendung von Gl. (2.9) auf den Fall des idealen Plattenkondensators zeigen kann.

Aus Gl. (2.9) folgt

$$\Phi_2 - \Phi_1 = -\int_{\boldsymbol{r}_1}^{\boldsymbol{r}_2} \boldsymbol{E}\,\mathrm{d}\boldsymbol{l} \tag{2.10}$$

oder, wenn man $\boldsymbol{r}_2$ nach $\boldsymbol{r}_1$ gehen läßt,

$$\mathrm{d}\Phi = -E_x\mathrm{d}x - E_y\mathrm{d}y - E_z\mathrm{d}z, \tag{2.11}$$

d. h. (vgl. Tab. 1.4, S. 25)

$$-\operatorname{grad}\Phi = \boldsymbol{E}. \tag{2.12}$$

Gleichung (2.10) in Verbindung mit der Tatsache, daß die Spannung zwischen zwei Leitern gleich der Differenz ihrer Potentiale ist, stellt die Erweiterung der Definitionsgleichung (2.6) dar. Für die Berechnung beliebiger Kapazitäten bleibt also damit nur noch die Ermittlung des elektrischen Feldverlaufs offen, womit wir uns in den folgenden Abschnitten beschäftigen wollen.

2.2. Berechnung des elektrischen Feldes bei gegebener Ladungsverteilung

Wir gehen aus von der MAXWELLschen Gleichung

$$\oint\!\!\oint \boldsymbol{D}\,\mathrm{d}\boldsymbol{s} = 4\pi\nu\iiint \varrho\,\mathrm{d}\tau \tag{1.11}$$

und nehmen zunächst an, daß die Ladung aus einer Punktladung Q an der Stelle $\boldsymbol{r} = 0$ besteht. Als geschlossene Fläche um Q wählen wir eine Kugel mit dem Mittelpunkt bei Q und dem Radius r. Dann folgt, da $\boldsymbol{D}$ auf der Kugeloberfläche konstant sein muß und aus Symmetriegründen nur eine radiale Komponente besitzt,

$$D_r = \frac{\nu\,Q}{r^2} \tag{2.13}$$

oder [vgl. Gl. (1.5)]

$$E_r = \frac{Q}{\varepsilon \varepsilon_V r^2} \tag{2.14}$$

(COULOMBsches Gesetz) und für das Potential nach Gl. (2.9)

$$\Phi = \frac{Q}{\varepsilon \varepsilon_V r}. \tag{2.15}$$

Die Erweiterung von Gl. (2.15) auf eine räumliche Ladungsverteilung ergibt sich durch Summation bzw. Integration zu

$$\Phi(x, y, z) = \frac{1}{\varepsilon \varepsilon_V} \int \frac{\varrho(x', y', z')\, \mathrm{d}x'\, \mathrm{d}y'\, \mathrm{d}z'}{\sqrt{(x - x')^2 + (y - y')^2 + (z - z')^2}}, \tag{2.16}$$

wobei x', y', z' die Koordinaten des Punktes sind, in dem die Raumladungsdichte $\varrho(x', y', z')$ vorliegt.

Für den Nenner des Integranden können wir auch schreiben (vgl. Abb. 2.2)

$$\frac{1}{|\boldsymbol{r} - \boldsymbol{r}'|} = \frac{1}{r}\left(1 + \left(\frac{r'}{r}\right)^2 - 2\left(\frac{r'}{r}\right)\cos\alpha\right)^{-1/2} = \\ = \frac{1}{r}\left(1 - \left[2\left(\frac{r'}{r}\right)\cos\alpha - \left(\frac{r'}{r}\right)^2\right]\right)^{-1/2} \tag{2.17}$$

oder mit Hilfe des binomischen Satzes

$$\frac{r}{|\boldsymbol{r} - \boldsymbol{r}'|} = 1 + \frac{1}{2}\left[2\left(\frac{r'}{r}\right)\cos\alpha - \left(\frac{r'}{r}\right)^2\right] + \\ + \frac{1 \cdot 3}{2 \cdot 4}\left[2\left(\frac{r'}{r}\right)\cos\alpha - \left(\frac{r'}{r}\right)^2\right]^2 + \cdots, \tag{2.18}$$

wobei die Reihenentwicklung für $r > r'$ konvergiert. (Sollte $r < r'$ sein, so wird analog zu Gl. (2.17) r' aus-

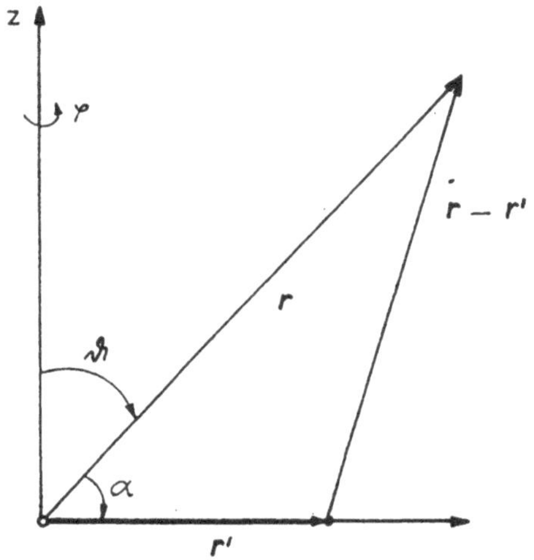

Abb. 2.2. Zu Gleichung (2.17)
$\boldsymbol{r}$ und $\boldsymbol{r}'$ sind die Ortsvektoren der Punkte mit den Koordinaten x, y, z bzw. x', y', z', und α ist der Winkel zwischen $\boldsymbol{r}$ und $\boldsymbol{r}'$

gehoben und nach r/r' entwickelt.) Ordnet man diese Reihenentwicklung nach steigenden Potenzen von r'/r, so ergibt sich

$$\frac{r}{|\boldsymbol{r} - \boldsymbol{r}'|} = P_0(\cos\alpha) + \left(\frac{r'}{r}\right) P_1(\cos\alpha) + \left(\frac{r'}{r}\right)^2 P_2(\cos\alpha) + \cdots = \sum_{l=0}^{\infty} \left(\frac{r'}{r}\right)^l P_l(\cos\alpha) \tag{2.19}$$

mit

$$\left.\begin{aligned} P_0(\cos\alpha) &= 1\,, \\ P_1(\cos\alpha) &= \cos\alpha\,, \\ P_2(\cos\alpha) &= \frac{3}{2}\left(\cos^2\alpha - \frac{1}{3}\right), \\ P_3(\cos\alpha) &= \frac{5}{2}\left(\cos^3\alpha - \frac{3}{5}\cos\alpha\right), \\ &\ldots\ldots\ldots\ldots\ldots\ldots, \\ P_l(\cos\alpha) &= \frac{1}{2^l\, l!}\left(\frac{\mathrm{d}^l}{\mathrm{d}\,(\cos\alpha)^l}\,(\cos^2\alpha - 1)^l\right). \end{aligned}\right\} \tag{2.20}$$

Die P_l werden als LEGENDREsche Polynome (Kugelfunktionen erster Art) l-ter Ordnung bezeichnet.

Führen wir mit ϑ, φ den polaren bzw. azimutalen Winkel des Vektors $\boldsymbol{r}$ (vgl. Abb. 2.2) und analog ϑ' und φ' für den Vektor $\boldsymbol{r}'$ ein, so lautet das sog. Additionstheorem der Kugelfunktionen (vgl. z. B. [J 2])

$$P_l(\cos\alpha) = \sum_{m=-l}^{+l} \frac{2}{2l+1}\, \overline{P_l^{|m|}}(\cos\vartheta)\cdot\overline{P_l^{|m|}}(\cos\vartheta') \times \\ \times \exp\bigl(jm(\varphi - \varphi')\bigr), \tag{2.21}$$

wobei die $\overline{P_l^m}$ die normierten zugeordneten Kugelfunktionen sind, die durch

$$\overline{P_l^m}(\cos\vartheta) = \sqrt{\frac{(2l+1)\,(l-m)!}{2(l+m)!}}\,\sin^m\vartheta\,\frac{\mathrm{d}^m P_l(\cos\vartheta)}{\mathrm{d}\,(\cos\vartheta)^m} \tag{2.22}$$

definiert werden (für $l = 1$ gilt also $\cos\alpha = \cos\vartheta\,\cos\vartheta' + \sin\vartheta\,\sin\vartheta'\,\cos(\varphi - \varphi')$). Führt man statt dessen die normierten verallgemeinerten Kugelfunktionen[1])

$$Y_l^m(\vartheta, \varphi) = \bigl(1/\sqrt{2\pi}\bigr)\,\overline{P_l^{|m|}}(\cos\vartheta)\,\exp(jm\varphi) \tag{2.23}$$

---

[1]) In der neueren Literatur werden die Y_l^m meist so definiert, daß die rechte Seite von Gl. (2.23) für ungerades, positives m noch mit -1 zu multiplizieren ist.

ein, so folgt aus Gl. (2.19) mit Gl. (2.21)

$$\frac{r}{|\boldsymbol{r} - \boldsymbol{r}'|} = \sum_{l=0}^{\infty} \left(\frac{r'}{r}\right)^l \sum_{m=-l}^{+l} \frac{4\pi}{2l+1} Y_l^m(\vartheta, \varphi) Y_l^{m*}(\vartheta', \varphi') \tag{2.24}$$

und damit für das Potential nach Gl. (2.16)

$$\Phi(\boldsymbol{r}) = \frac{1}{\varepsilon \varepsilon_{\mathrm{V}}} \sum_{l=0}^{\infty} \sum_{m=-l}^{+l} \frac{1}{r^{l+1}} \sqrt{\frac{4\pi}{2l+1}}\, Y_l^m(\vartheta, \varphi) M_l^m \tag{2.25}$$

mit

$$M_l^m = \sqrt{\frac{4\pi}{2l+1}} \int r'^l Y_l^{m*}(\vartheta', \varphi') \varrho(r', \vartheta', \varphi') \,\mathrm{d}\tau', \tag{2.26}$$

$$\mathrm{d}\tau' = r'^2 \sin\vartheta' \,\mathrm{d}\vartheta' \,\mathrm{d}\varphi' \,\mathrm{d}r'.$$

Tabelle 2.1. Einige normierte verallgemeinerte Kugelfunktionen

$$Y_0^0 = \frac{1}{2}\sqrt{\frac{1}{\pi}}$$

$$Y_1^0 = \frac{1}{2}\sqrt{\frac{3}{\pi}} \cos\vartheta \qquad Y_1^1 = \frac{1}{2}\sqrt{\frac{3}{2\pi}} \sin\vartheta \exp(j\varphi)$$

$$Y_2^0 = \frac{1}{4}\sqrt{\frac{5}{\pi}} (3\cos^2\vartheta - 1)$$

$$Y_2^1 = \frac{1}{2}\sqrt{\frac{15}{2\pi}} \sin\vartheta \cos\vartheta \exp(j\varphi)$$

$$Y_2^2 = \frac{1}{4}\sqrt{\frac{15}{2\pi}} \sin^2\vartheta \exp(j \cdot 2\varphi)$$

$$Y_3^0 = \frac{1}{4}\sqrt{\frac{7}{\pi}} (5\cos^3\vartheta - 3\cos\vartheta)$$

$$Y_3^1 = \frac{1}{8}\sqrt{\frac{21}{\pi}} \sin\vartheta (5\cos^2\vartheta - 1) \exp(j\varphi)$$

$$Y_3^2 = \frac{1}{4}\sqrt{\frac{105}{2\pi}} \sin^2\vartheta \cos\vartheta \exp(j \cdot 2\varphi)$$

$$Y_3^3 = \frac{1}{8}\sqrt{\frac{35}{\pi}} \sin^3\vartheta \exp(j \cdot 3\varphi)$$

. . . .

In Tab. 2.1 sind einige normierte verallgemeinerte Kugelfunktionen angegeben, die auf Grund der Definition (2.23) [mit den Gleichungen (2.22) und (2.20)] berechnet wurden. Die Normierung wurde so vorgenommen, daß

$$\int_0^{\pi}\int_0^{2\pi} Y_l^m(\vartheta,\varphi)\, Y_{l'}^{m'*}(\vartheta,\varphi)\sin\vartheta\,\mathrm{d}\vartheta\,\mathrm{d}\varphi = \delta_{mm'}\,\delta_{ll'}$$

gilt. Eine Ladungsverteilung, für die alle Terme M_l^m bis auf solche mit $l = k$ verschwinden, nennt man einen Multipol 2^k-ter Ordnung und die zugehörigen $2k + 1$ Bestimmungsstücke M_k^m die Komponenten dieses Multipols. Wie man aus Gl. (2.25) ersieht, nimmt das von einem solchen Multipol erzeugte Potential mit r^{-k-1} ab, und die Ableitung dieser Gleichung entspricht also einer Zerlegung der beliebigen Ladungsverteilung in einzelne Multipole. Gewöhnlich nennt man einen Multipol zweiter, vierter, achter, ... Ordnung Dipol, Quadrupol, Oktopol usw., so daß beispielsweise die Komponenten des Dipols ($l = 1$)

$$\left.\begin{aligned} M_1^0 &= \int r'\varrho(r',\vartheta',\varphi')\cos\vartheta'\,\mathrm{d}\tau' = \int z'\varrho(x',y',z')\,\mathrm{d}\tau',\\ M_1^{\pm1} &= \frac{1}{\sqrt{2}}\int r'\varrho(r',\vartheta',\varphi')\sin\vartheta'\exp(\mp j\varphi')\,\mathrm{d}\tau' =\\ &= \frac{1}{\sqrt{2}}\int (x' \mp jy')\,\varrho(x',y',z')\,\mathrm{d}\tau' \end{aligned}\right\} \quad (2.27)$$

sind.

Wenn wir die Richtung der z-Achse (vgl. Abb. 2.2) derart wählen können, daß (für ein bestimmtes l) die Komponenten von M_l^m für $m \neq 0$ verschwinden, so folgt aus Gl. (2.25) für das von diesem Multipol herrührende Potential

$$\begin{aligned} \Phi_l(\boldsymbol{r}) &= \frac{1}{\varepsilon\varepsilon_\mathrm{v}}\frac{1}{r^{l+1}}\sqrt{\frac{4\pi}{2l+1}}\,Y_l^0(\vartheta)\,M_l^0 =\\ &= \frac{1}{\varepsilon\varepsilon_\mathrm{v}}\frac{1}{r^{l+1}}\,P_l(\cos\vartheta)\,M_l^0 \end{aligned} \quad (2.28)$$

mit [vgl. Gl. (2.26)]

$$M_l^0 = \int r'^l P_l(\cos\vartheta')\,\varrho(r',\vartheta')\,\mathrm{d}\tau', \tag{2.29}$$

wobei es sich in der Atomphysik eingebürgert hat, als Dipolmoment die Größe M_1^0 und als Quadrupolmoment den Quotienten $2\,M_2^0/e$ zu bezeichnen (e ist der Betrag der Ladung eines Elektrons).

Mit Gl. (2.25) können wir also für eine vorgeschriebene Ladungsverteilung zunächst das Potential $\Phi(\boldsymbol{r})$ und danach unter Verwendung von Gl. (2.12) die elektrische Feldstärke $\boldsymbol{E}\,(\boldsymbol{r})$ in jedem Raumpunkt berechnen.

Aufgabe:

Man berechne das Potential und die Feldstärke eines Dipols und eines Quadrupols (*Hinweis:* verwende die Gln. (2.28) und (2.12)).

Lösung:

$$\Phi_{\text{Dipol}} = \frac{M_1^0}{\varepsilon\,\varepsilon_{\text{V}}}\,\frac{\cos\vartheta}{r^2}; \quad \Phi_{\text{Quadrupol}} = \frac{M_2^0}{\varepsilon\,\varepsilon_{\text{V}}}\,\frac{\frac{3}{2}\cos^2\vartheta - \frac{1}{2}}{r^3},$$

$$\boldsymbol{E}_{\text{Dipol}} = -\,\frac{M_1^0}{\varepsilon\,\varepsilon_{\text{V}}}\left(\frac{\boldsymbol{e}_z}{r^3} - \frac{3\,z\,\boldsymbol{r}}{r^5}\right),$$

$$\boldsymbol{E}_{\text{Quadrupol}} = -\,\frac{M_2^0}{\varepsilon\,\varepsilon_{\text{V}}}\left[\left(\frac{3}{2\,r^5} - \frac{15\,z^2}{2\,r^7}\right)\boldsymbol{r} + 3\,\frac{z}{r^5}\,\boldsymbol{e}_z\right], \quad z = r\cos\vartheta.$$

2.3. *Berechnung des elektrischen Feldes bei gegebenen Randwerten*

Die im vorigen Abschnitt dargestellte Behandlung zur Ermittlung der elektrischen Feldstärke setzt die Kenntnis der Ladungsverteilung voraus. Über die Ladungsverteilung z. B. auf den beiden Leitern eines Kondensators läßt sich aber von vornherein nichts aussagen, da diese Verteilung von der Feldstärke, die ja erst bestimmt werden soll, abhängt [vgl. Gl. (1.2)]. Wir setzen voraus, daß sich außerhalb der Leiter keine freien elektrischen Ladungen befinden. Dann gilt in diesem Gebiet [vgl. Gln. (1.2) und (1.5)]

$$\operatorname{div} \boldsymbol{E} = 0 \tag{2.30}$$

oder, wenn wir das Potential nach Gl. (2.12) einführen:

$$\operatorname{div} \operatorname{grad} \Phi = \Delta \Phi = 0 \tag{2.31}$$

(LAPLACEsche Differentialgleichung).

Wie im Abschnitt 2.1. gezeigt wurde, ist aber auf den Leitern (im stromlosen Zustand) Φ konstant und vorgegeben (die Differenz zwischen den Leitern ist gleich U), so daß unser Problem auf die Lösung der Gl. (2.31) bei vorgegebenen Randwerten ($\Phi = \text{const}$ für gewisse Gebiete bzw. Flächen) hinausläuft.

Wir beginnen mit dem für die Praxis wichtigen Fall, daß Φ nur von zwei kartesischen Koordinaten (x, y) abhängt. Dies kann immer dann vorausgesetzt werden, wenn die Leiter in Richtung der dritten Koordinate (z) eine relativ große Ausdehnung besitzen (z. B. Leitungsprobleme, Randeffekte u. ä.), so daß $\Phi(z)$ etwa konstant ist. Die LAPLACEsche Differentialgleichung vereinfacht sich dann zu

$$\frac{\partial^2 \Phi}{\partial x^2} + \frac{\partial^2 \Phi}{\partial y^2} = 0. \tag{2.32}$$

Diese Differentialgleichung wird durch jede analytische Funktion F der komplexen Größe $\xi = x + jy$ gelöst, und zwar doppelt, d. h. sowohl durch den Realteil u als auch durch den Imaginärteil v. Der Beweis folgt unmittelbar aus der Tatsache, daß $F(\xi)$ analytisch und damit differenzierbar sein soll: Der Differentialquotient $\mathrm{d}F/\mathrm{d}\xi$ muß also unabhängig davon sein, auf welchem Wege in der komplexen Ebene $\Delta\xi$ nach Null geht. Demzufolge gilt insbesondere auch

$$\left.\begin{aligned} \frac{\partial F}{\partial x} &= \frac{d F}{d \xi}, \\ \frac{\partial F}{\partial j y} &= \frac{d F}{d \xi}, \end{aligned}\right\} \tag{2.33}$$

und für $F = u + jv$ folgt

$$\frac{\partial u}{\partial x} + j\,\frac{\partial v}{\partial x} = \frac{1}{j}\left(\frac{\partial u}{\partial y} + j\,\frac{\partial v}{\partial y}\right), \tag{2.34}$$

woraus wir durch Vergleich von Real- und Imaginärteil die sog. CAUCHY-RIEMANN*schen Differentialgleichungen*

$$\frac{\partial u}{\partial x} = \frac{\partial v}{\partial y}; \qquad \frac{\partial v}{\partial x} = -\,\frac{\partial u}{\partial y} \tag{2.35}$$

erhalten. Differenzieren wir die erste nach x, die zweite nach y und addieren, so folgt

$$\frac{\partial^2 u}{\partial x^2} + \frac{\partial^2 u}{\partial y^2} = 0 \tag{2.36}$$

und im anderen Fall

$$\frac{\partial^2 v}{\partial x^2} + \frac{\partial^2 v}{\partial y^2} = 0. \tag{2.37}$$

Aus der somit unendlichen Vielfalt von Lösungen der LAPLACEschen Differentialgleichung ist aber nur diejenige Lösung auszuwählen, für die u bzw. v die vorgegebenen Randbedingungen erfüllt, d. h. auf den Leitern konstant ist. Diese Auswahl bereitet oft erhebliche Schwierigkeiten, so daß man im allgemeinen den umgekehrten Weg geht, d. h. irgendwelche Funktionen $F(x + jy)$ vorgibt und aus der graphischen Darstellung von $u(x, y) =$

= const bzw. $v(x, y) = \text{const}$ die zugehörige Leiteranordnung abliest.

Als erstes Beispiel betrachten wir die Funktion

$$F(\xi) = K\,\xi^2, \tag{2.38}$$

also

$$u + jv = K(x + jy)^2 = K(x^2 - y^2) + j(K \cdot 2xy). \tag{2.39}$$

Es ist also sowohl

$$u = K(x^2 - y^2) \tag{2.40}$$

als auch

$$v = K \cdot 2xy \tag{2.41}$$

eine Lösung von Gl. (2.32). Aus der graphischen Darstellung der Kurven $u = \text{const}$ bzw. $v = \text{const}$ folgt, daß insbesondere die zweite Lösung eine praktische Bedeutung besitzt, indem sie die Kurven konstanten Potentials (Äquipotentiallinien) für das elektrische Feld vor einer einspringenden Kante darstellt (vgl. Abb. 2.3).

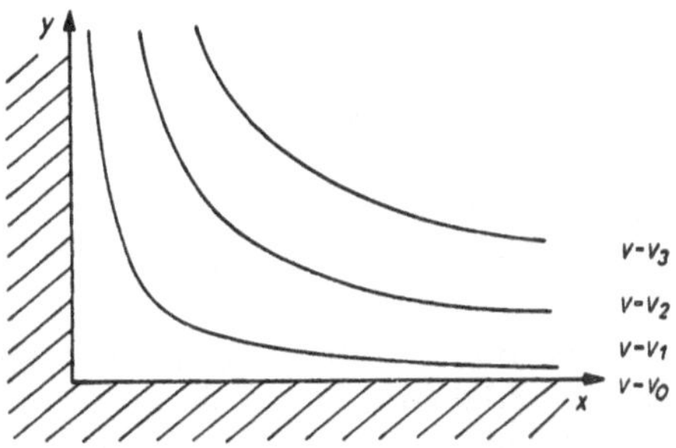

Abb. 2.3. Die Kurven $v = \text{const}$ [vgl. Gl. (2.41)] stellen die Äquipotentiallinien für das elektrische Feld vor einer einspringenden Kante dar

Die elektrische Feldstärke ergibt sich aus Gl. (2.12) zu

$$\left.\begin{aligned} E_x &= -\frac{\partial}{\partial x} v = -K \cdot 2y, \\ E_y &= -\frac{\partial}{\partial y} v = -K \cdot 2x, \\ \boldsymbol{E}^2 &= E_x^2 + E_y^2 = 4K^2(x^2 + y^2). \end{aligned}\right\} \tag{2.42}$$

Als zweites Beispiel wählen wir

$$F(\xi) = \sqrt{\xi}, \tag{2.43}$$

also

$$u + jv = \sqrt{x + jy}, \tag{2.44}$$

woraus

$$\left.\begin{aligned} x &= u^2 - v^2, \\ y &= 2u\,v \end{aligned}\right\} \tag{2.45}$$

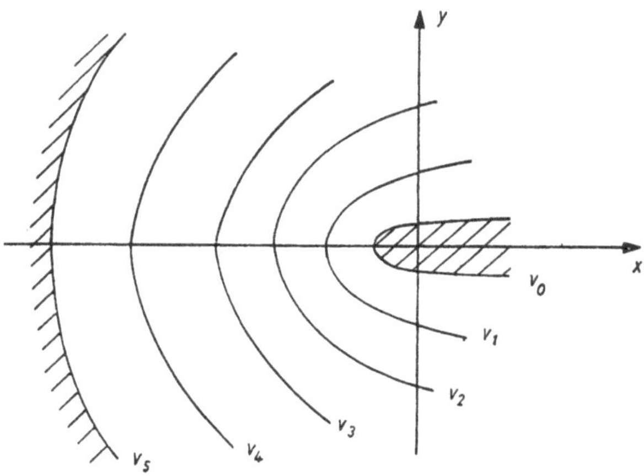

Abb. 2.4. Die Kurven v = const [vgl. Gl. (2.46)] stellen näherungsweise die Äquipotentiallinien für das elektrische Feld zwischen einer Ebene und einer gegenüberliegenden Kante dar

folgt. Lösen wir diese beiden Gleichungen nach x als Funktion von y und v auf,

$$x = \frac{y^2}{4v^2} - v^2, \tag{2.46}$$

so sehen wir (vgl. Abb. 2.4), daß die Lösung $v = \text{const}$ die Äquipotentiallinien für eine Kante gibt, die einer unendlich ausgedehnten Fläche gegenübersteht. Die Ebene wird dabei durch eine Parabel mit sehr großer Brennweite und die Kante durch eine Parabel mit sehr kleiner Brennweite angenähert.

In der folgenden Tabelle 2.2 sind einige weitere Beispiele zusammengestellt:

Tabelle 2.2. Einige analytische Funktionen $F(\xi)$, deren Real- bzw. Imaginärteil als Potentialfunktion Φ praktische Bedeutung hat

$F(\xi) = u + jv$	Φ	Äquipotentiallinienbild ($\Phi = \text{const}$)	Anwendung
$\frac{K}{\xi}$	$u = \frac{Kx}{x^2 + y^2}$	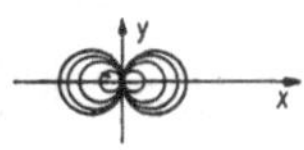	Liniendipol
$K \ln \xi$	$u = K \ln \sqrt{x^2 + y^2}$	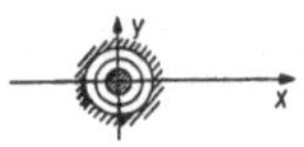	Koaxialleitung
$K \ln \xi$	$v = K \arctan \frac{y}{x}$	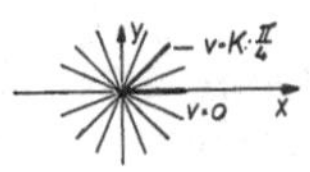	zwei gegeneinander geneigte Halbebenen verschiedenen Potentials
$K \cosh^{-1} \xi$	$1 = \frac{x^2}{K^2 \cosh^2 u} + \frac{y^2}{K^2 \sinh^2 u}$	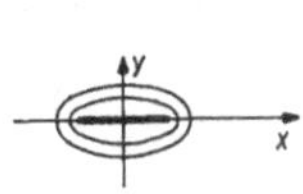	Metallband
$K \cosh^{-1} \xi$	$1 = \frac{x^2}{K^2 \cos^2 v} - \frac{y^2}{K^2 \sin^2 v}$	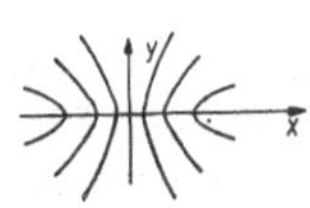	Spalt oder Ebene mit gegenüberliegender Kante
$K_1 \ln(2 \sin K_2 \xi)$	$u = K_1 \ln 2 \times \sqrt{\cosh^2 K_2 y - \cos^2 K_2 x}$	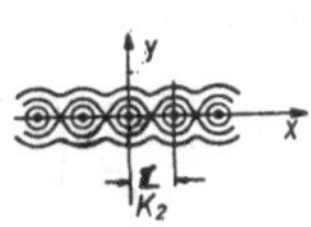	Gitter

Aus diesen Beispielen lassen sich in gewissen Fällen durch geeignete Linearkombinationen der $F(\xi)$ weitere Anwendungen finden. So ergibt beispielsweise die Kombination

$$u = K_1 \ln 2\sqrt{\cosh^2 K_2(y-h) - \cos^2 K_2 x} - \\ - K_1 \ln 2\sqrt{\cosh^2 K_2(y+h) - \cos^2 K_2 x} \qquad (2.47)$$

die Äquipotentiallinien für zwei parallele Gitter mit entgegengesetzt gleichem Potential und dem Abstand $2h$ oder für ein Gitter, das sich im Abstand h vor einem geerdeten parallelen Metallblech befindet.

Als letztes Beispiel betrachten wir die durch das Integral (SCHWARZ-CHRISTOFFEL*sche Formel*)

$$\xi = C\int\limits_{F_0}^{F(\xi)} (\eta - u_1)^{1-\alpha_1/\pi}\,(\eta - u_2)^{1-\alpha_2/\pi} \cdots \\ \cdots (\eta - u_n)^{1-\alpha_n/\pi}\, \mathrm{d}\eta \qquad (2.48)$$

gegebene Funktion $F(\xi)$, wobei F_0 ein beliebiger Punkt in der oberen Halbebene $(v \geqq 0)$ ist, in der auch der Integrationsweg liegen soll. Die α_l und u_l sind reelle Zahlen $(u_1 < u_2 < u_3 < \ldots < u_n)$, während C beliebig komplex sein kann. Für die Änderung von ξ bei einer kleinen vorgegebenen Änderung von $F(\xi)$ ergibt sich durch Differentiation von Gl. (2.48)

$$\varDelta\,\xi = C\big(F(\xi) - u_1\big)^{1-\alpha_1/\pi}\big(F(\xi) - u_2\big)^{1-\alpha_2/\pi} \cdots \\ \cdots \big(F(\xi) - u_n\big)^{1-\alpha_n/\pi}\,\varDelta F(\xi). \qquad (2.49)$$

Wir nehmen nun $v = 0$ an und lassen u von $-\infty$ bis $+\infty$ laufen. Dann ergibt sich für den Winkel derjenigen Größe $(\varDelta\,\xi)$, die zu ξ addiert werden muß, wenn $F(\xi) = u$ um den kleinen Betrag $\varDelta F(\xi) = \varDelta u$ wächst,

$$\operatorname{arc}(\varDelta\,\xi) = \operatorname{arc}(C) + \sum_{l=1}^{n}\left(1 - \frac{\alpha_l}{\pi}\right)\operatorname{arc}(u - u_l). \qquad (2.50)$$

Da aber

$$\operatorname{arc}(u - u_l) = \begin{cases} 0 \text{ für } u > u_l \\ \pi \text{ für } u < u_l \end{cases} \tag{2.51}$$

ist, ändert $\xi(u) = x(u) + jy(u)$ mit wachsendem u so lange nicht die Richtung, d. h. verläuft als Gerade mit dem Neigungswinkel

$$\psi_0 = \operatorname{arc}(C) + \sum_{l=1}^{n} (\pi - \alpha_l)$$

gegen die x-Achse, bis $u = u_1$ wird. An dieser Stelle springt der Neigungswinkel auf den Wert

$$\psi_1 = \operatorname{arc}(C) + \sum_{l=2}^{n} (\pi - \alpha_l)$$

und bleibt dann konstant bis u_2 usw., d. h., mit wachsendem u durchläuft man ein Polygon in der xy-Ebene, dessen Eckpunkte durch die Werte u_l gegeben werden und dessen Winkel (im mathematisch positiven Sinn gerechnet) die α_l sind (vgl. Abb. 2.5). Gelingt es also, für

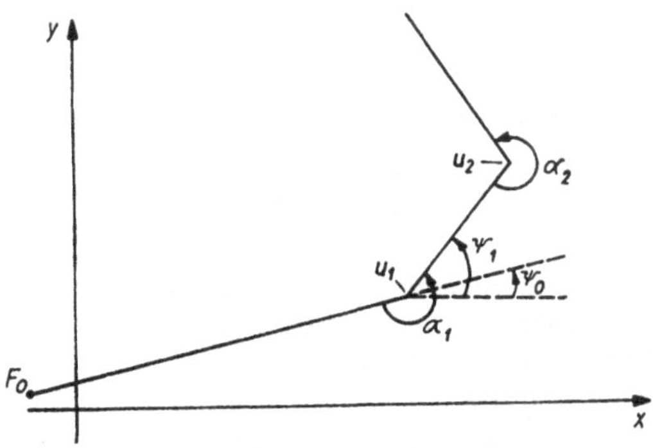

Abb. 2.5. Zur Bedeutung der Winkel α_l in Gl. (2.48)

eine eckige Elektrode zusätzlich zu den bekannten Winkeln α_l dic Größen u_l, F_0 und C zu bestimmen [z. B. aus Symmetrieüberlegungen oder nach erfolgter Integration von Gl. (2.48) durch Auflösung des Gleichungssystems, das beim Einsetzen der Werte der einzelnen Eckpunkte entsteht], so ergibt sich aus Gl. (2.48) die Funktion $F(\xi)$. Die Kurve $\operatorname{Im}\{F(\xi)\} = v = 0$ gibt dann das Polygon selbst wieder und die Kurvenschar $\operatorname{Im}\{F(\xi)\} = v = \text{const}$ die entsprechenden Äquipotentiallinien. Liegt eine der Polygonecken im Unendlichen (z. B. u_n), so besitzt der Fall besondere praktische Bedeutung, für den sich die beiden Teile des Polygons ($u = -\infty$ bis $u = u_n$ und $u = u_n$ bis $u = +\infty$) auf unterschiedlichen Potentialen (z. B. $\Phi = 0$ und $\Phi = \Phi_0$) befinden, d. h., wir müssen eine solche Funktion

$$^{(1)}F(\xi) = {}^{(1)}u(\xi) + j\,{}^{(1)}v(\xi) \tag{2.52}$$

suchen, für die $^{(1)}v(\xi) = 0$ den einen Teil und $^{(1)}v(\xi) = \Phi_0$ den anderen Teil des Polygons in der xy-Ebene liefert. Das ist relativ einfach, wenn man $u_n = 0$ wählt und die Eigenschaften der Funktion $\ln(u + jv)$ betrachtet. Es ergibt sich nämlich, daß die gesuchte Funktion $^{(1)}F(\xi)$ durch

$$^{(1)}F(\xi) = \frac{\Phi_0}{\pi} \ln F(\xi) = \frac{\Phi_0}{\pi} \ln (u + jv) \tag{2.53}$$

dargestellt wird, da

$$^{(1)}v = \frac{\Phi_0}{\pi} \arctan \frac{v}{u} = \Phi_0 \tag{2.54}$$

die negative u-Achse in der uv-Ebene und damit wegen der Eigenschaften von $F(\xi)$ den einen Teil des Polygons in der xy-Ebene liefert und

$$^{(1)}v = \frac{\Phi_0}{\pi} \arctan \frac{v}{u} = 0 \tag{2.55}$$

die positive u-Achse und damit den anderen Teil des Polygons, d. h., die Kurven

$$\operatorname{Im}\{{}^{(1)}F(\xi)\} = \frac{\Phi_0}{\pi} \arctan\left(\frac{v}{u}\right) = \text{const}$$

stellen die Äquipotentiallinien für diesen Fall dar. Tab. 2.3 zeigt einige Anwendungen der SCHWARZ-CHRISTOFFELschen Formel.

Weitere Beispiele finden sich bei WENDT [W 4], DURAND [D 3], WEBER [W 2], KOBER [K 1] und BUCHHOLZ [B 1].

Fassen wir die hier dargestellte Methodik zur Lösung der zweidimensionalen LAPLACE-Gleichung [Gl. (2.32)] zusammen, so gilt: Aus der unendlichen Mannigfaltigkeit von Lösungen, d. h. allen analytischen Funktionen

$$F(\xi) = u(x,y) + jv(x,y), \tag{2.56}$$

wird diejenige Funktion u bzw. v ausgewählt, für die sich die Kurvenschar $u(x,y) = \text{const}$ bzw. $v(x,y) = \text{const}$ den vorgegebenen Leitern anschmiegt, d. h. eine der Kurven mit der Leiterberandung zusammenfällt.

In etwas anderer Sprechweise kann man auch sagen: Es wird diejenige Abbildung $F(\xi)$ (d. h. Überführung eines Punktes der xy-Ebene in einen Punkt der uv-Ebene und umgekehrt) gesucht, bei der die Parallelen zur v- bzw. u-Achse in der uv-Ebene zu Kurven in der xy-Ebene transformiert werden, die sich den vorgegebenen Leitern anschmiegen, d. h., die zu (2.56) inversen Funktionen $x(u,v)$ und $y(u,v)$ sind die Parameterdarstellung der Äquipotentiallinien ($u = \text{const}$, $-\infty < v < +\infty$ bzw. $v = \text{const}$, $-\infty < u < +\infty$).

Da $F(\xi)$ eine analytische Funktion ist, kann man leicht zeigen, daß diese Abbildung in allen Punkten [außer für $F'(\xi) = 0$] winkeltreu und in kleinen Bereichen ähnlich erfolgt (konforme Abbildung): In Abb. 2.6 ist die Ab-

Tabelle 2.3. Beispiele zur SCHWARZ-CHRISTOFFELschen Formel

$F(\xi) = u + jv$

a) Das gesamte Polygon besitzt das Potential $\Phi = 0$; dann gibt $v = \Phi =$ const die Äquipotentialflächen.

b) Das Polygon von $u = -\infty$ bis $u = 0$ besitzt das Potential $\Phi = \Phi_0$, das Polygon von $u = 0$ bis $u = +\infty$ das Potential $\Phi = 0$, dann gibt $\Phi = (1/\pi)\,\Phi_0 \arctan(v/u) =$ const die Äquipotentialflächen (vgl. Tab. 2.2, zweites Beispiel).

Polygon	SCHWARZ-CHRISTOFFELsche Formel
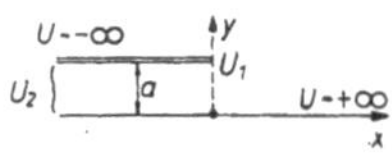	$\xi = C \int_{F_0}^{F(\xi)} \big(F(\xi) - u_1\big)^{+1}\big(F(\xi) - u_2\big)^{-1} \mathrm{d}F(\xi) = \frac{a}{\pi}\,\{1 + F(\xi) + \ln F(\xi)\}$
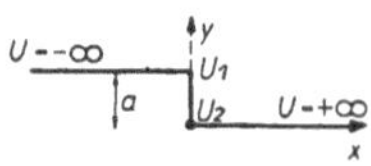	$\xi = C \int_{F_0}^{F(\xi)} \big(F(\xi) - u_1\big)^{+1/2}\big(F(\xi) - u_2\big)^{-1/2} \mathrm{d}F(\xi) = \frac{a}{\pi}\,\{\sqrt{F^2(\xi) - 1} + \ln\,[F(\xi) + \sqrt{F^2(\xi) - 1}]\}$
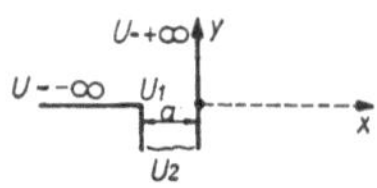	$\xi = C \int_{F_0}^{F(\xi)} \big(F(\xi) - u_1\big)^{+1/2}\big(F(\xi) - u_2\big)^{-1} \mathrm{d}F(\xi) = j\,\frac{2a}{\pi}\left\{\sqrt{F(\xi) + 1} + \frac{1}{2}\ln\frac{\sqrt{F(\xi) + 1} - 1}{\sqrt{F(\xi) + 1} + 1}\right\}$
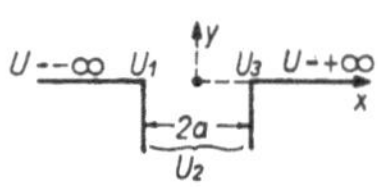	$\xi = C \int_{F_0}^{F(\xi)} \big(F(\xi) - u_1\big)^{1/2}\big(F(\xi) - u_2\big)^{-1}\big(F(\xi) - u_3\big)^{1/2} \mathrm{d}F(\xi) = \frac{2a}{\pi}\,\{\sqrt{F^2(\xi) - 1} - j\ln\,[j + \sqrt{F^2(\xi) - 1}] + j\ln F(\xi)\}$
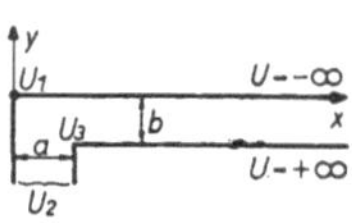	$\xi = C \int_{F_0}^{F(\xi)} \big(F(\xi) - u_1\big)^{1/2}\big(F(\xi) - u_2\big)^{-1}\big(F(\xi) - u_3\big)^{1/2} \mathrm{d}F(\xi) = \frac{2b}{\pi}\ln\frac{\sqrt{F(\xi) + 1} + \sqrt{F(\xi) - (a^2/b^2)}}{\sqrt{(a^2/b^2) + 1}} + \frac{ja}{\pi}\ln F(\xi) - j\,\frac{2a}{\pi} \times \ln\frac{\sqrt{F(\xi) - (a^2/b^2)} + j\,\frac{a}{b}\sqrt{F(\xi) + 1}}{\sqrt{(a^2/b^2) + 1}} - jb$

bildung eines Dreiecks dargestellt. Wenn die Seiten hinreichend klein sind, kann man auf Grund der TAYLOR-

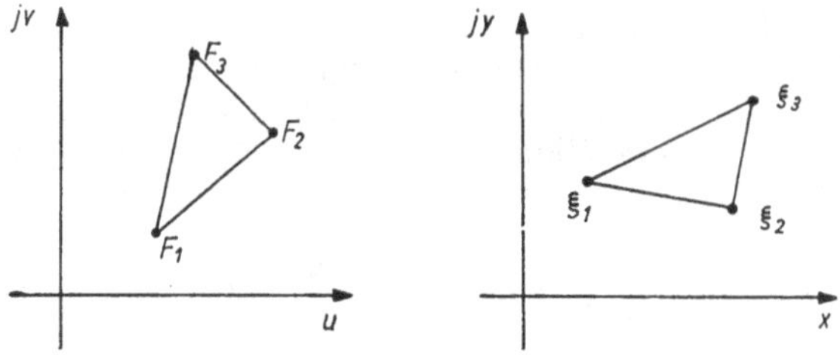

Abb. 2.6. Konforme (winkeltreue und in kleinsten Bereichen verhältnistreue) Abbildung

Entwicklung schreiben

$$F_2 - F_1 = \left(\frac{\mathrm{d}F}{\mathrm{d}\xi}\right)_1 \cdot (\xi_2 - \xi_1) \tag{2.57}$$

und

$$F_3 - F_1 = \left(\frac{\mathrm{d}F}{\mathrm{d}\,\xi}\right)_1 \cdot (\xi_3 - \xi_1). \tag{2.58}$$

Da die Multiplikation mit einer komplexen Größe aber nur eine einfache Drehstreckung bewirkt, d. h. $\xi_2 - \xi_1$ und $\xi_3 - \xi_1$ um den Winkel $\operatorname{arc}(\mathrm{d}F/\mathrm{d}\,\xi)_1$ gedreht und in ihrem Betrag um den Faktor $|(\mathrm{d}F/\mathrm{d}\,\xi)_1|$ geändert werden, sind die beiden Dreiecke (ξ_1, ξ_2, ξ_3) und (F_1, F_2, F_3) ähnlich.

Insbesondere müssen sich also die Kurven $u = \text{const}$ und $v = \text{const}$ in der xy-Ebene ebenfalls rechtwinklig schneiden, d. h., da nach Gl. (2.12) die elektrische Feldstärke senkrecht auf den Äquipotentiallinien ($\Phi = \text{const}$) steht, gibt $v = \text{const}$ die Richtung der elektrischen Feldstärke, wenn $u = \text{const}$ die Äquipotentiallinien sind, und umgekehrt.

Unsere bisherigen Betrachtungen bezogen sich ausschließlich auf ebene Probleme, bei denen Φ nur von den beiden kartesischen Koordinaten x und y abhängt. Ein weiterer für die Praxis wichtiger Fall betrifft rotationssymmetrische Felder, bei denen Φ nur von den beiden Zylinderkoordinaten r und z abhängt.

Die LAPLACEsche Differentialgleichung (2.31) erhält dann die Form (vgl. Tab. 1.4, wo die Ableitung des Potentials Φ nach dem Winkel φ wegen der Zylindersymmetrie verschwindet)

$$\frac{\partial^2 \Phi}{\partial z^2} + \frac{\partial^2 \Phi}{\partial r^2} + \frac{1}{r}\frac{\partial \Phi}{\partial r} = 0. \tag{2.59}$$

Diese Differentialgleichung lösen wir am zweckmäßigsten durch Trennung der Variablen, d. h., wir machen den Lösungsansatz

$$\Phi(z,r) = R(r) \cdot Z(z). \tag{2.60}$$

Nach Einsetzen in Gl. (2.59) und Division durch $R(r)$ und $Z(z)$ ergibt sich

$$\frac{1}{R}\frac{\mathrm{d}^2 R}{\mathrm{d}r^2} + \frac{1}{rR}\frac{\mathrm{d}R}{\mathrm{d}r} = -\frac{1}{Z}\frac{\mathrm{d}^2 Z}{\mathrm{d}z^2}. \tag{2.61}$$

Schreiben wir

$$\frac{1}{Z}\frac{\mathrm{d}^2 Z}{\mathrm{d}z^2} = a^2, \tag{2.62}$$

so muß wegen Gl. (2.61)

$$\frac{1}{R}\frac{\mathrm{d}^2 R}{\mathrm{d}r^2} + \frac{1}{rR}\frac{\mathrm{d}R}{\mathrm{d}r} = -a^2 \tag{2.63}$$

sein. Die Größe a^2 hängt nun aber weder von z [da z in Gl. (2.63) links nicht auftritt] noch von r [da r in Gl. (2.62) links nicht auftritt] ab, ist also eine Konstante, die im allgemeinen komplex sein wird:

$$a = a' + j a''. \tag{2.64}$$

Die Lösung der Differentialgleichung (2.62) läßt sich sofort angeben, und zwar gilt

$$Z(z) = A \exp(az) + B \exp(-az) \qquad (2.65)$$

mit den im allgemeinen Fall komplexen Integrationskonstanten A und B. Für die Differentialgleichung (2.63), die in der Form

$$\frac{\mathrm{d}^2 R}{\mathrm{d}r^2} + \frac{1}{r}\frac{\mathrm{d}R}{\mathrm{d}r} + Ra^2 = 0 \qquad (2.66)$$

geschrieben werden kann, erhält man als allgemeine Lösung (vgl. [J 2])

$$R(r) = DJ_0(ra) + EN_0(ra), \qquad (2.67)$$

wobei D und E ebenfalls komplexe Integrationskonstanten sind und J_0 und N_0 die Zylinderfunktionen 1. Art bzw. 2. Art (Bessel- bzw. Neumannsche Funktion) nullter Ordnung sind. Diese Funktionen sind für beliebiges komplexes ξ definiert durch

$$J_0(\xi) = \sum_{l=0}^{\infty} \frac{(j \cdot \xi/2)^{2l}}{(l!)^2} \qquad (2.68)$$

$$N_0(\xi) = \frac{2}{\pi}\left\{J_0(\xi)\left(C + \ln\frac{\xi}{2}\right) + \left(\frac{\xi}{2}\right)^2 - \frac{1+\frac{1}{2}}{(2!)^2}\left(\frac{\xi}{2}\right)^4 + \frac{1+\frac{1}{2}+\frac{1}{3}}{(3!)^2}\left(\frac{\xi}{2}\right)^6 \mp \cdots\right\} \qquad (2.69)$$

mit der Eulerschen Konstanten

$$C = \lim_{n\to\infty}\left(1 + \frac{1}{2} + \frac{1}{3} + \cdots + \frac{1}{n} - \ln n\right) \approx 0{,}5772157. \qquad (2.70)$$

Da $\Phi(z, r)$ für jeden Raumpunkt reell sein muß, kommen von den möglichen Konstanten a nur solche in Frage, für die die Lösung (2.67) reell ist. Man sieht aus den Gleichungen (2.68) und (2.69), daß J_0 und N_0 für komplexes Argument ebenfalls komplex und für rein reelles Argument reell sind, während für rein imaginäres Argument J_0 reell ist und N_0 sich als Linearkombination einer reellen Funktion und der mit j multiplizierten Zylinderfunktion erster Art nullter Ordnung schreiben läßt:

$$N_0(jx) = \frac{2}{\pi}\left\{J_0(jx)\left(C + \ln\frac{x}{2}\right) + \left(\frac{jx}{2}\right)^2 - \right.$$
$$\left. - \frac{1+\frac{1}{2}}{(2!)^2}\left(\frac{jx}{2}\right)^4 + \frac{1+\frac{1}{2}+\frac{1}{3}}{(3!)^2}\left(\frac{jx}{2}\right)^6 \mp \cdots\right\} +$$
$$+ jJ_0(jx). \tag{2.71}$$

oft verwendet man die sogenannten modifizierten Zylinderfunktionen erster und zweiter Art, die durch

$$I_0(x) = J_0(jx) \tag{2.72}$$

und

$$K_0(x) = -\frac{\pi}{2} N_0(jx) + j\,\frac{\pi}{2} I_0(x) \tag{2.73}$$

definiert werden. In den Abbildungen 2.7 und 2.8 sind die Funktionen $J_0(x)$, $N_0(x)$ und $I_0(x)$, $K_0(x)$ dargestellt.

Für physikalisch sinnvolle Lösungen darf a also nur reell ($a = a'$) oder imaginär ($a = ja''$) sein, kann aber im übrigen beliebige Werte annehmen. Da die LAPLACEsche Differentialgleichung linear ist, lösen alle möglichen Linearkombinationen einzelner Lösungen ebenfalls diese Differentialgleichung, und wir erhalten, indem wir noch die Exponentialfunktionen in Gl. (2.65) durch die Hyperbelfunktionen (vgl. Abb. 2.9) und die

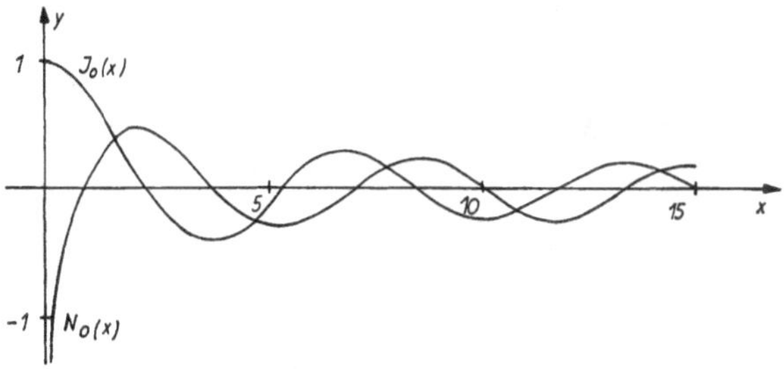

Abb. 2.7. Zylinderfunktion erster Art (Bessel-Funktion) nullter Ordnung (J_0) und zweiter Art (Neumannsche Funktion) nullter Ordnung (N_0) für reelles Argument

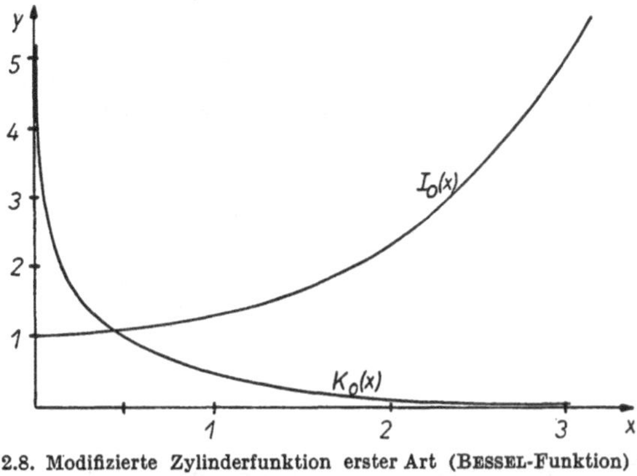

Abb. 2.8. Modifizierte Zylinderfunktion erster Art (Bessel-Funktion) nullter Ordnung (I_0) und zweiter Art (MacDonaldsche Funktion) nullter Ordnung (K_0) für reelles Argument

trigonometrischen Funktionen ersetzen, als allgemeine Lösung

$$\begin{aligned}\Phi(r,z) = \sum_{a'} \big(A(a')\cosh(a'z) + B(a')\sinh(a'z)\big) \times \\ \times \big(D(a')J_0(a'r) + E(a')N_0(a'r)\big) + \\ + \sum_{a''} \big(A(a'')\cos(a''z) + B(a'')\sin(a''z)\big) \times \\ \times \big(D(a'')\,I_0(a''r) + E(a'')\,K_0(a''r)\big). \qquad (2.76)\end{aligned}$$

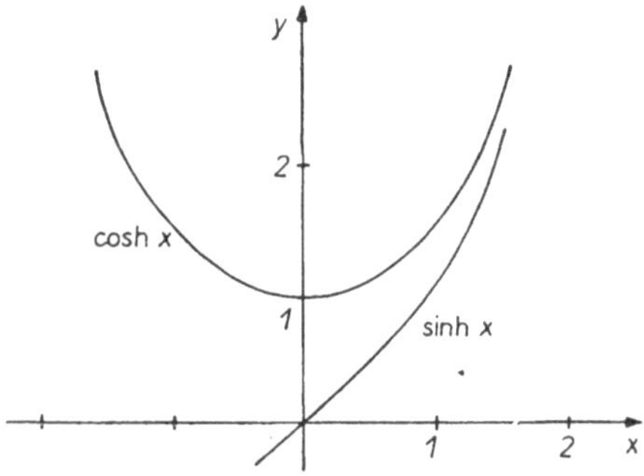

Abb. 2.9. Hyperbelfunktionen $\cosh x = {}^1/_2\,[\exp(x) + \exp(-x)]$ und $\sinh x = {}^1/_2\,[\exp(x) - \exp(-x)]$

Die $A(a')$, $B(a')$, $D(a')$, $E(a')$ bzw. $A(a'')$, $B(a'')$, $D(a'')$, $E(a'')$ sind reelle Konstanten, die von a' bzw. a'' abhängen können. In einer Reihe von Fällen bilden die Werte von a' bzw. a'' keine diskrete Zahlenfolge, sondern verteilen sich stetig, so daß die Summen in Gl. (2.76) durch Integrale ersetzt werden müssen, und man erhält

$$\begin{aligned}\Phi(r,z) = &\int \big(A(a')\cosh(a'z) + B(a')\sinh(a'z)\big) \times\\ &\times \big(D(a')J_0(a'r) + E(a')N_0(a'r)\big)\,\mathrm{d}a' +\\ &+ \int \big(A(a'')\cos(a''z) + B(a'')\sin(a''z)\big) \times\\ &\times \big(D(a'')I_0(a''r) + E(a'')K_0(a''r)\big)\,\mathrm{d}a''. \qquad (2.77)\end{aligned}$$

Es gibt also analog zur LAPLACE-Gleichung im ebenen Fall wieder eine unendliche Mannigfaltigkeit von Lösungen, aus denen diejenige auszuwählen ist, für die $\Phi(r,z)$ die vorgegebenen Randbedingungen erfüllt, d. h. auf den Leitern konstant ist. Auch hier bereitet diese Auswahl oft Schwierigkeiten. Sie wird aber dadurch erleichtert, daß die z- und r-Abhängigkeit getrennt ist und die Eigenschaften der auftretenden Funktionen (z. B. Periodizität usw.) bekannt sind.

2.4. Graphisches Verfahren zur Bestimmung von Kapazitäten

In der Praxis wird häufig von einer graphischen Methode zur Bestimmung von Kapazitäten Gebrauch gemacht [K 3]. Wir setzen zunächst wieder ebene Verhältnisse voraus, d. h., die Leiterausdehnung sei in einer Richtung (z-Achse) groß. Dann zeichnet man gefühlsmäßig Äquipotentiallinien und Verschiebungslinien ein. Diese Verschiebungslinien bestimmen die elektrische Verschiebung $\boldsymbol{D}$ in der Weise, daß ihre Richtung die Richtung der elektrischen Verschiebung angibt und der reziproke Abstand von der nächsten Verschiebungslinie (längs einer Äquipotentiallinie gerechnet) proportional dem Betrag der elektrischen Verschiebung ist.

Nennen wir a_V bzw. $a_Ä$ den Abstand benachbarter Verschiebungs- bzw. Äquipotentiallinien, so gilt an diesem Punkt

$$D = \frac{\text{const}}{a_V} \tag{2.78}$$

und [vgl. Gl. (2.6)]

$$|E| = \frac{\Phi_{k+1} - \Phi_k}{a_Ä}, \tag{2.79}$$

wobei $\Phi_{k+1} - \Phi_k$ die Potentialdifferenz zwischen den beiden Äquipotentiallinien ist. Mit Gl. (1.5) folgt daraus

$$\frac{a_V}{a_Ä} = \frac{\text{const}}{\Phi_{k+1} - \Phi_k} \frac{1}{\varepsilon \varepsilon_V \nu}, \tag{2.80}$$

und wir wählen die Konstante so, daß

$$a_V = a_Ä = a(k) \tag{2.81}$$

ist.

Unter Berücksichtigung der Vorschriften:

a) die Randlinien der Leiter sind Äquipotentiallinien,
b) die Verschiebungslinien stehen senkrecht auf den Äquipotentiallinien,
c) der Abstand benachbarter Verschiebungslinien ist gleich dem Abstand benachbarter Äquipotentiallinien an der betreffenden Stelle,

werden Äquipotentiallinien und Verschiebungslinien zunächst gefühlsmäßig grob und dann als immer feineres Netz gezeichnet, bis die Genauigkeit für das Problem hinreichend gut ist. Auf diese Weise erhält man z. B. n_V Verschiebungslinien und $n_Ä$ Äquipotentiallinien (einschließlich der Elektrodenränder).

Der Potentialunterschied zwischen zwei Äquipotentiallinien ist also

$$\Phi_{k+1} - \Phi_k = \frac{U}{n_Ä - 1}, \tag{2.82}$$

wenn U die Spannung an den Leitern bezeichnet, deren Kapazität bestimmt werden soll.

Wir laufen jetzt längs einer Äquipotentiallinie um einen der beiden Leiter und bilden das Umlaufsintegral

$$\oint \boldsymbol{E} \mathrm{d}\boldsymbol{l} = \sum_k E_k a(k), \tag{2.83}$$

wobei $a(k)$ der Abstand zwischen zwei benachbarten Verschiebungslinien an einem Punkt auf der betrachteten Äquipotentiallinie ist (vgl. Abb. 2.10).

Da für E_k gilt

$$E_k = \frac{U}{n_Ä - 1} \frac{1}{a(k)}, \tag{2.84}$$

erhalten wir mit Gl. (1.5) und Gl. (1.11) für die Ladung Q auf dem eingeschlossenen Leiter

$$Q = \frac{\varepsilon \varepsilon_V}{4\pi} h \frac{U}{n_Ä - 1} n_V, \tag{2.85}$$

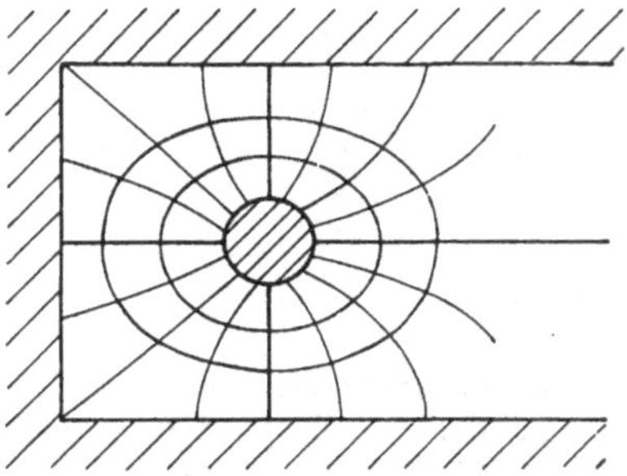

Abb. 2.10. Beispiel zur graphischen Bestimmung von Kapazitäten

wobei h die Länge des Leiters senkrecht zur Zeichenebene ist. Damit ergibt sich also für die Kapazität pro Längeneinheit

$$C' = \frac{Q}{hU} = \frac{\varepsilon\varepsilon_V}{4\pi}\frac{n_V}{n_Ä - 1}. \tag{2.86}$$

Die hier dargestellte Methode läßt sich auch auf rotationssymmetrische Felder anwenden. Die Ableitung der entsprechenden Beziehungen wollen wir aber übergehen und nur die Resultate angeben: Die Vorschriften *a*) und *b*) bleiben weiterhin gültig, während an Stelle von *c*) — bzw. Gl. (2.80) — der Satz tritt: Der Abstand a_V benachbarter Verschiebungslinien ist proportional dem Quotienten aus dem Abstand $a_Ä$ benachbarter Äquipotentiallinien und dem Abstand r von der Rotationsachse:

$$a_V = \frac{c\,a_Ä}{\varepsilon r}. \tag{2.87}$$

Sind hinreichend viele Äquipotentiallinien und Verschiebungslinien entsprechend den drei Vorschriften (mit einer geeignet gewählten Konstanten c) gezeichnet, so ergibt sich für die Kapazität

$$C = \frac{c\,\varepsilon_V}{2} \frac{n_V}{n_Ä - 1}. \tag{2.88}$$

2.5. *Einige meßtechnische Probleme*

Ohne auf die Meßmethoden im einzelnen näher einzugehen, wollen wir im folgenden einige allgemeinere Gesichtspunkte diskutieren, die bei der Messung von Kapazitäten eine Rolle spielen können.

In Abb. 2.11 ist das Feld eines Plattenkondensators im freien Raum und in der Nähe eines dritten Leiters

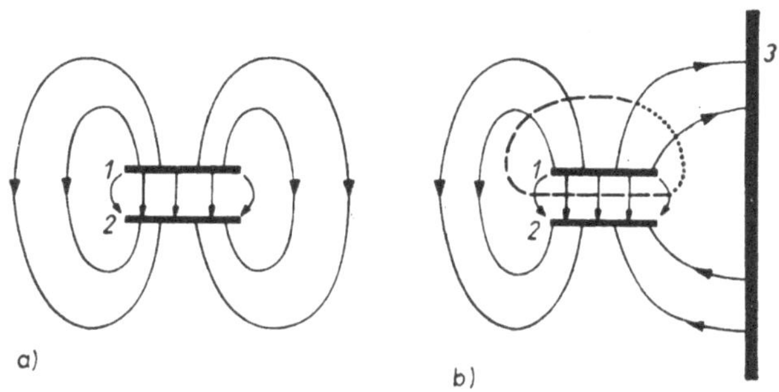

Abb. 2.11. Zum Einfluß der Umgebung auf die Kapazität
— — — S_{12} [vgl. Gl (2.89)]; ··· S_{13} [vgl. Gl. (2.89)]

gezeichnet. Die gegenüber der Feldverteilung im freien Raum auftretenden Feldverzerrungen bewirken naturgemäß eine Änderung der Kapazität, die außerdem noch davon abhängt, ob und mit welcher Platte des Kondensators der Leiter verbunden ist (z. B. über Erdleitungen).

Zur Erläuterung dieses Sachverhalts gehen wir von der folgenden allgemeinen Betrachtung aus: Q_1, Q_2, Q_3 seien die Ladungen auf den drei Leitern, die die Potentiale Φ_1, Φ_2 und Φ_3 besitzen mögen. Dann gilt [vgl.

Gl. (1.11)]

$$Q_1 = \frac{\varepsilon\,\varepsilon_\mathrm{v}}{4\pi} \iint\limits_{S_{12}} \boldsymbol{E}\,\mathrm{d}\boldsymbol{s} + \frac{\varepsilon\,\varepsilon_\mathrm{v}}{4\pi} \iint\limits_{S_{13}} \boldsymbol{E}\,\mathrm{d}\boldsymbol{s}. \tag{2.89}$$

Die Integration ist dabei über diejenigen Teilgebiete S_{12} bzw. S_{13} einer Q_1 umhüllenden Fläche zu erstrecken, durch welche die elektrischen Feldlinien zu dem Leiter *2* bzw. *3* gehen (vgl. Abb. 2.11*b*). Mit Gl. (2.9) können wir weiter schreiben

$$\begin{aligned} Q_1 &= \frac{\varepsilon\,\varepsilon_\mathrm{v}}{4\pi} \frac{\iint\limits_{S_{12}} \boldsymbol{E}\,\mathrm{d}\boldsymbol{s}}{-\int\limits_{\boldsymbol{r}_1}^{\boldsymbol{r}_2} \boldsymbol{E}\,\mathrm{d}\boldsymbol{l}} (\Phi_2 - \Phi_1) + \frac{\varepsilon\,\varepsilon_\mathrm{v}}{4\pi} \frac{\iint\limits_{S_{13}} \boldsymbol{E}\,\mathrm{d}\boldsymbol{s}}{-\int\limits_{\boldsymbol{r}_1}^{\boldsymbol{r}_3} \boldsymbol{E}\,\mathrm{d}\boldsymbol{l}} (\Phi_3 - \Phi_1) \\ &= C_{12}(\Phi_2 - \Phi_1) + C_{13}(\Phi_3 - \Phi_1), \end{aligned} \tag{2.90}$$

wobei $\boldsymbol{r}_1, \boldsymbol{r}_2, \boldsymbol{r}_3$ je einen (beliebigen) Punkt auf den drei Leitern darstellt und die Größen C_{lk} als Teilkapazitäten bezeichnet werden. Analoge Gleichungen ergeben sich für Q_2 und Q_3, wobei auf Grund der Tatsache

$$\left.\begin{aligned} \iint\limits_{S_{lk}} \boldsymbol{E}\,\mathrm{d}\boldsymbol{s} &= -\iint\limits_{S_{kl}} \boldsymbol{E}\,\mathrm{d}\boldsymbol{s}, \\ \int\limits_{\boldsymbol{r}_l}^{\boldsymbol{r}_k} \boldsymbol{E}\,\mathrm{d}\boldsymbol{l} &= -\int\limits_{\boldsymbol{r}_k}^{\boldsymbol{r}_l} \boldsymbol{E}\,\mathrm{d}\boldsymbol{l} \end{aligned}\right\} \tag{2.91}$$

$C_{lk} = C_{kl}$ gesetzt werden kann, so daß sich das Gleichungssystem

$$\left.\begin{aligned} Q_1 &= C_{12}\,(\Phi_2 - \Phi_1) + C_{13}\,(\Phi_3 - \Phi_1), \\ Q_2 &= C_{12}\,(\Phi_1 - \Phi_2) + C_{23}\,(\Phi_3 - \Phi_2), \\ Q_3 &= C_{13}\,(\Phi_1 - \Phi_3) + C_{23}\,(\Phi_2 - \Phi_3) \end{aligned}\right\} \tag{2.92}$$

ergibt, das analog erweitert für beliebig viele Leiter gilt. Das Ersatzschaltbild zu den Gleichungen (2.92) ist in Abb. 2.12 dargestellt, aus der man leicht die Kapazität

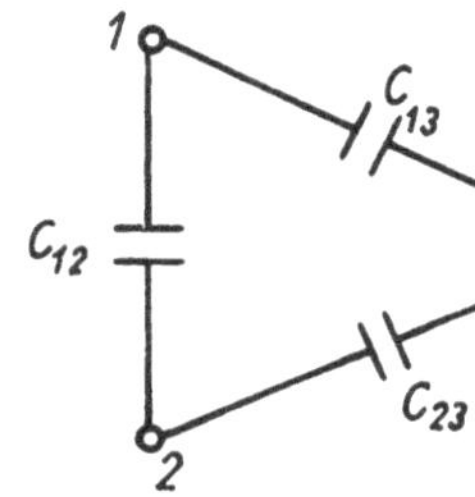

Abb. 2.12. Ersatzschaltbild zu einer Dreileiteranordnung (vgl. z. B. Abb. 2.11*b*) auf Grund der Gleichungen (2.92)

zwischen zwei Leitern ablesen kann, wenn beispielsweise der dritte mit einem der beiden Leiter verbunden ist oder isoliert bleibt. Natürlich sind diese Kapazitäten im allgemeinen auch verschieden von der Kapazität, die man erhält, wenn sich der dritte Leiter an einem anderen Ort (z. B. im Unendlichen) befindet, so daß bei Kapazitätsmessungen die Umgebung der beiden Leiter berücksichtigt werden muß.

Teilkapazitäten zwischen den Leitern *1* bzw. *2* einerseits und anderen, isolierten Leitern der Umgebung heißen Streukapazitäten. Der Einfluß der Umgebung wird bei dem sogenannten Schutzringkondensator (vgl. Abb. 2.13) eliminiert, bei dem eine Kreisplatte *1*, umgeben von einer kreisringförmigen Platte *0*, einer Kondensatorplatte *2* gegenübersteht. Die beiden Leiter *1* und *0* erhalten gleiches Potential, jedoch wird die Ladung auf der Kreisplatte *0* nicht mit gemessen, so daß (mit $b \ll r, l$) für die Kapazität nach Gl. (2.8) folgt

$$C = \frac{\varepsilon \varepsilon_v}{4\pi} \frac{\pi r^2}{l}. \tag{2.93}$$

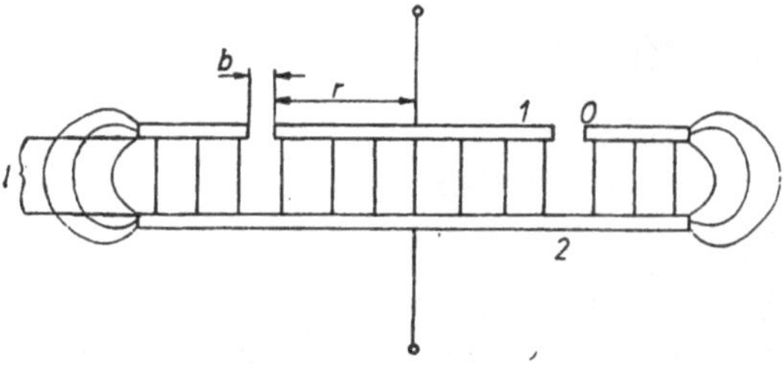

Abb. 2.13. Schutzringkondensator ($b \ll r, l$)

Ein weiterer wichtiger Punkt ist die Tatsache, daß die bisher in diesem Abschnitt behandelte Kapazität nur die „Gleichspannungskapazität" darstellt, die im allgemeinen nur für niedrige Frequenzen mit der „Wechselspannungskapazität" übereinstimmt, die durch den kapazitiven Widerstand $(j\omega C)^{-1}$ definiert wird. Dies gilt nicht nur für Kondensatoren mit Dielektrikum wegen der Frequenzabhängigkeit der Dielektrizitätskonstanten (vgl. 5.1.), sondern bei höheren Frequenzen auch für Luftkondensatoren wegen des Skineffektes (vgl. 5.4.) oder, wenn die Leiterlänge vergleichbar mit der Wellenlänge wird, wegen der Ortsabhängigkeit der Spannung auf dem Leiter (vgl. Teil IV).

Aus diesem Grund empfiehlt es sich, die Kapazität bei der Frequenz zu messen, für die sie Verwendung finden soll.

Auf den Einfluß der Zuleitungsinduktivitäten und der Schaltkapazität wollen wir hier ebenso wie auf die verschiedenen Meßmethoden nicht näher eingehen, sondern verweisen auf die umfangreiche Spezialliteratur ([K2], [Z1], [R2n]).

3. Induktivitäten

3.1. Das magnetische Feld

Bei den folgenden Betrachtungen nehmen wir an, daß sich die magnetischen Felder zeitlich nur so langsam ändern, daß die Wellenlänge (= Lichtgeschwindigkeit/Frequenz der zeitlichen Änderung) groß gegen alle auftretenden Abstände ist. Der allgemeine Fall, auf den wir hier nicht näher eingehen, wird im Abschnitt 24 (Teil IV) behandelt.

Wir beginnen mit dem sogenannten Durchflutungsgesetz, das aus der MAXWELLschen Gleichung (1.13) folgt, wenn der zweite Summand auf Grund der obigen Voraussetzung vernachlässigt wird:

$$\oint \boldsymbol{H} \mathrm{d}\boldsymbol{l} = \frac{4\pi}{\gamma} \iint_S \boldsymbol{J} \mathrm{d}\boldsymbol{s}. \tag{3.1}$$

Als Anwendung berechnen wir das Magnetfeld in einer „idealen“ Spule, d. h. einer Spule, deren Länge l groß gegen den Durchmesser d ist. Bezeichnen wir mit N die Windungszahl und mit I den Strom, so folgt aus Gl. (3.1), wenn wir die Spule zu einem Toroid zusammenbiegen (dies hat wegen $l \gg d$ keinen Einfluß auf das Feld) und den Umlauf längs der Spulenachse durchführen,

$$H l = \frac{4\pi}{\gamma} N I, \tag{3.2}$$

also die bekannte Formel für das Magnetfeld im Innern einer idealen Spule.

Eine zweite Beziehung zur Berechnung von Magnetfeldern erhalten wir durch Einführen einer neuen magnetischen Größe, des sogenannten Vektorpotentials $\boldsymbol{A}$, mittels der Beziehung

$$\boldsymbol{B} = \operatorname{rot} \boldsymbol{A}. \tag{3.3}$$

Wie im Abschnitt 24 gezeigt wird, ergibt sich dann nämlich aus den MAXWELLschen Gleichungen für $\boldsymbol{A}$ [vgl. Gl. (24.14)]

$$\boldsymbol{A}(\boldsymbol{r}, t) = \frac{\mu \mu_v \nu'}{\gamma} \iiint \frac{\boldsymbol{J}(\boldsymbol{r}', t)\, d\tau'}{|\boldsymbol{r} - \boldsymbol{r}'|}, \tag{3.4}$$

wobei $d\tau'$ das Volumenelement an der Stelle $\boldsymbol{r}'$ ist und auf Grund der eingangs getroffenen Voraussetzung $t' = t$ gesetzt wurde. Mit Hilfe der Definitionsgleichung (3.3) folgt daraus

$$\boldsymbol{B}(\boldsymbol{r}) = \operatorname{rot}_{\boldsymbol{r}} \boldsymbol{A}(\boldsymbol{r}) = \frac{\mu \mu_v \nu'}{\gamma} \iiint \operatorname{rot}_{\boldsymbol{r}} \left(\frac{\boldsymbol{J}(\boldsymbol{r}')\, d\tau'}{|\boldsymbol{r} - \boldsymbol{r}'|} \right). \tag{3.5}$$

Der Index $\boldsymbol{r}$ am Operator rot soll hierbei auf die Tatsache hinweisen, daß der Operator nur auf die Koordinaten $\boldsymbol{r}$ und nicht auf $\boldsymbol{r}'$ anzuwenden ist.

Mit Hilfe der Beziehung

$$\operatorname{rot}(u\boldsymbol{v}) = -[\boldsymbol{v} \times \operatorname{grad} u] + u \operatorname{rot} \boldsymbol{v}, \tag{3.6}$$

wobei u ein Skalar und $\boldsymbol{v}$ ein Vektor ist, folgt unter Beachtung von $\operatorname{rot}_{\boldsymbol{r}} \boldsymbol{J}(\boldsymbol{r}') = 0$ aus Gl. (3.5)

$$\begin{aligned} \boldsymbol{B}(\boldsymbol{r}) &= -\frac{\mu \mu_v \nu'}{\gamma} \iiint \left[\boldsymbol{J}(\boldsymbol{r}') \times \operatorname{grad}_{\boldsymbol{r}} \frac{d\tau'}{|\boldsymbol{r} - \boldsymbol{r}'|} \right] = \\ &= \frac{\mu \mu_v \nu'}{\gamma} \iiint \frac{[\boldsymbol{J}(\boldsymbol{r}') \times (\boldsymbol{r} - \boldsymbol{r}')]}{|\boldsymbol{r} - \boldsymbol{r}'|^3}\, d\tau' \end{aligned} \tag{3.7}$$

oder wegen Gl. (1.6)

$$\boldsymbol{H}(\boldsymbol{r}) = \frac{1}{\gamma} \iiint \frac{[\boldsymbol{J}(\boldsymbol{r}') \times (\boldsymbol{r} - \boldsymbol{r}')]}{|\boldsymbol{r} - \boldsymbol{r}'|^3}\, d\tau'. \tag{3.8a}$$

Für Abstände, die groß gegen den Durchmesser des Leiters sind, ergibt sich näherungsweise

$$\boldsymbol{H}(\boldsymbol{r}) \approx \frac{I}{\gamma}\int \frac{[\mathrm{d}\boldsymbol{l}' \times (\boldsymbol{r} - \boldsymbol{r}')]}{|\boldsymbol{r} - \boldsymbol{r}'|^3} \tag{3.8}$$

(BIOT-SAVARTsches Gesetz).

Mit Hilfe dieses BIOT-SAVARTschen Gesetzes lassen sich nun prinzipiell alle Feldberechnungen durchführen. Oft ist es aber ganz zweckmäßig, statt mit $\boldsymbol{H}$ direkt zunächst mit dem Vektorpotential $\boldsymbol{A}$ zu rechnen und dann mittels der Definitionsgleichung (3.3) und der Gleichung (1.6) aus dem berechneten $\boldsymbol{A}$ die Feldstärke zu bestimmen.

Das ist z. B. der Fall beim Beweis des folgenden Satzes: *Wenn bei einer rotationssymmetrischen Feldverteilung das Feld auf der Achse vorgegeben ist und keine Stromkomponente in Achsenrichtung existiert, so läßt sich daraus das Gesamtfeld eindeutig berechnen.*

Wir führen zunächst Zylinderkoordinaten r, φ, z ein. Dann muß also für die Komponenten der Stromdichte gelten

$$J_z = J_r = 0, \quad J_\varphi \neq 0, \tag{3.9}$$

und aus Gl. (3.4) folgt, daß auch

$$A_z = A_r = 0, \quad A_\varphi \neq 0 \tag{3.10}$$

sein muß und wegen der vorausgesetzten Rotationssymmetrie

$$\frac{\partial A_\varphi}{\partial \varphi} = 0 \tag{3.11}$$

gilt.

Nun beachten wir, daß Gl. (3.1) in der differentiellen Schreibweise

$$\operatorname{rot} \boldsymbol{H} = \frac{4\pi}{\gamma}\,\boldsymbol{J} \tag{3.12}$$

bzw. außerhalb der Leiter ($\boldsymbol{J} = 0$)

$$\operatorname{rot} \boldsymbol{H} = 0 \tag{3.13}$$

lautet. Mit der Definition (3.3) folgt somit aus Gl. (3.13) für konstantes μ [vgl. Gl. (1.6)]

$$\operatorname{rot} \operatorname{rot} \boldsymbol{A} = 0\,. \tag{3.14}$$

Der Vektor rot $\boldsymbol{A}$ besitzt in Zylinderkoordinaten die Komponenten [vgl. Tab. 1.4, S. 25 und die Gleichungen (3.10) und (3.11)]

$$\left.\begin{aligned} (\operatorname{rot} \boldsymbol{A})_z &= \frac{1}{r}\,\frac{\partial (r A_\varphi)}{\partial r}, \\ (\operatorname{rot} \boldsymbol{A})_r &= -\,\frac{\partial A_\varphi}{\partial z}, \\ (\operatorname{rot} \boldsymbol{A})_\varphi &= 0, \end{aligned}\right\} \tag{3.15}$$

und damit besitzt der Vektor rot rot $\boldsymbol{A}$ die Komponenten (vgl. Tab. 1.4)

$$\left.\begin{aligned} (\operatorname{rot} \operatorname{rot} \boldsymbol{A})_z &= 0, \\ (\operatorname{rot} \operatorname{rot} \boldsymbol{A})_r &= 0, \\ (\operatorname{rot} \operatorname{rot} \boldsymbol{A})_\varphi &= \frac{\partial}{\partial z}\left(-\,\frac{\partial A_\varphi}{\partial z}\right) - \frac{\partial}{\partial r}\left(\frac{1}{r}\,\frac{\partial (r A_\varphi)}{\partial r}\right), \end{aligned}\right\} \tag{3.16}$$

d. h., die Gleichung (3.14) reduziert sich auf

$$\frac{\partial^2 A_\varphi}{\partial z^2} + \frac{\partial}{\partial r}\left(\frac{1}{r}\,\frac{\partial (r A_\varphi)}{\partial r}\right) = 0\,. \tag{3.17}$$

Zur Lösung dieser Differentialgleichung machen wir den Lösungsansatz

$$A_\varphi = \sum_{l=0}^{\infty} r^l f_l(z) \tag{3.18}$$

und erhalten durch Einsetzen in Gl. (3.17)

$$\begin{aligned}
0 = f_0'' - \frac{1}{r^2} f_0 + & \qquad (l = 0)\\
+ r f_1'' + 0 + & \qquad (l = 1)\\
+ r^2 f_2'' + 3 \cdot 1 \cdot f_2 + & \qquad (l = 2)\\
+ r^3 f_3'' + 4 \cdot 2 \cdot r f_3 + & \qquad (l = 3)\\
+ \cdots\cdots\cdots\cdots & \\
+ r^n f_n'' + (n + 1)(n - 1) r^{n-2} f_n & \qquad (l = \mathrm{n})\\
+ \ldots, &
\end{aligned} \tag{3.19}$$

wobei die Striche Ableitungen nach z bedeuten und die Klammern rechts auf die Herkunft der betreffenden Terme hinweisen sollen.

Ordnen wir nach Summanden gleicher Potenz in r, so folgt

$$\begin{aligned}
0 = -\frac{1}{r^2} f_0 + &\\
+ f_0'' + 3 \cdot 1 \cdot f_2 + &\\
+ r f_1'' + 4 \cdot 2 \cdot r f_3 + &\\
+ r^2 f_2'' + 5 \cdot 3 \cdot r^2 f_4 + &\\
+ \cdots\cdots\cdots\cdots &
\end{aligned} \tag{3.20}$$

Jede dieser Zeilen muß einzeln verschwinden, so daß gilt

$$f_0 = f_2 = f_4 = f_6 = \cdots = 0 \tag{3.21}$$

und

$$\left.\begin{aligned} f_3 &= -\frac{1}{4\cdot 2} f_1'', \\ f_5 &= -\frac{1}{6\cdot 4} f_3'' = +\frac{1}{6\cdot 4}\cdot\frac{1}{4\cdot 2} f_1'''', \\ &\ldots\ldots\ldots\ldots\ldots\ldots \end{aligned}\right\} \tag{3.22}$$

Für die Lösung (3.18) ergibt sich also

$$A_\varphi = r f_1 - \frac{r^3}{4\cdot 2} f_1'' + \frac{r^5}{6\cdot 4\cdot 4\cdot 2} f_1'''' \mp \cdots. \tag{3.23}$$

Bilden wir wieder $\boldsymbol{B} = \operatorname{rot} \boldsymbol{A}$, so erhalten wir

$$\left.\begin{aligned} B_z &= \frac{1}{r}\frac{\partial r A_\varphi}{\partial r} = 2 f_1 - \frac{r^2}{2} f_1'' + \frac{r^4}{4^2\cdot 2} f_1'''' \mp \cdots, \\ B_r &= -\frac{\partial A_\varphi}{\partial z} = -r f_1' + \frac{r^3}{4\cdot 2} f_1''' - \frac{r^5}{6\cdot 4^2\cdot 2} f_1''''' \pm \cdots, \\ B_\varphi &= 0 \end{aligned}\right\} \tag{3.24}$$

oder, wenn wir noch f_1 durch die z-Komponente des Feldes auf der Achse ($r = 0$) ausdrücken [vgl. Gl. (1.6)]:

$$\mu \mu_{\mathrm{v}} \nu' H_z(z,0) = 2 f_1, \tag{3.25}$$

schließlich

$$\left.\begin{aligned} H_z(z,r) &= H_z(z,0) - \frac{r^2}{4}\left(\frac{\partial^2 H_z}{\partial z^2}\right)_{z,0} + \frac{r^4}{64}\left(\frac{\partial^4 H_z}{\partial z^4}\right)_{z,0} \mp \cdots, \\ H_r(z,r) &= -\frac{r}{2}\left(\frac{\partial H_z}{\partial z}\right)_{z,0} + \frac{r^3}{16}\left(\frac{\partial^3 H_z}{\partial z^3}\right)_{z,0} - \\ &\quad - \frac{r^5}{384}\left(\frac{\partial^5 H_z}{\partial z^5}\right)_{z,0} \pm \cdots, \\ H_\varphi(z,r) &= 0, \end{aligned}\right\} \tag{3.26}$$

d. h., wenn die Feldstärke einschließlich ihrer sämtlichen Ableitungen auf der Achse bekannt ist, läßt sich das gesamte Feld eindeutig berechnen. Wie man leicht zeigen kann, gilt dieser Satz analog auch für das elektrische Potential Φ, wobei an Stelle von Gl. (3.14) von der LAPLACE-Gleichung ($\Delta\Phi = 0$) ausgegangen wird.

Als Anwendung dieses Satzes beweisen wir die sogenannte HELMHOLTZ-Bedingung, nach der das Magnetfeld zwischen zwei Kreisleitern dann die geringste Inhomogenität besitzt, wenn ihr Abstand (b) gleich dem Radius (R) ist.

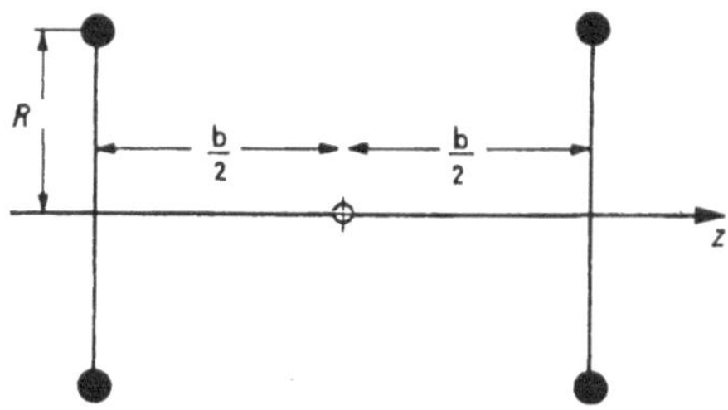

Abb. 3.1. Zur Ableitung der HELMHOLTZ-Bedingung

Wir berechnen zunächst das Feld H_{zl} des linken Kreisleiters auf der Achse (vgl. Abb. 3.1). Aus dem BIOT-SAVARTschen Gesetz [Gl. (3.8)] folgt mit

$$\boldsymbol{r} = \begin{cases} 0 \\ 0 \\ z, \end{cases} \qquad |[\mathrm{d}\boldsymbol{l}' \times (\boldsymbol{r} - \boldsymbol{r}')]| = \sqrt{R^2 + \left(\frac{b}{2} + z\right)^2}\,\mathrm{d}l' \tag{3.27}$$

und

$$[\mathrm{d}\boldsymbol{l}' \times (\boldsymbol{r} - \boldsymbol{r}')]_z = |[\mathrm{d}\boldsymbol{l}' \times (\boldsymbol{r} - \boldsymbol{r}')]| \frac{R}{\sqrt{R^2 + \left(\frac{b}{2} + z\right)^2}}$$

$$= R\,\mathrm{d}l'$$

sofort

$$H_{zl}(z,0) = \frac{1}{\gamma} \oint \frac{I R \,\mathrm{d}l'}{\left(\sqrt{R^2 + \left(\frac{b}{2} + z\right)^2}\right)^3} =$$

$$= \frac{2\pi R^2 I}{\gamma \left(\sqrt{R^2 + \left(\frac{b}{2} + z\right)^2}\right)^3} \tag{3.28}$$

oder für das Gesamtfeld, wenn wir annehmen, daß durch beide Leiter der gleiche Strom I fließt:

$$H_z(z,0) = \frac{2\pi R^2 I}{\gamma} \left\{ \left[R^2 + \left(\frac{b}{2} + z\right)^2\right]^{-3/2} + \right.$$

$$\left. + \left[R^2 + \left(\frac{b}{2} - z\right)^2\right]^{-3/2} \right\} =$$

$$= H_z(0,0) \left\{ 1 + \frac{z^2}{2} \frac{15 \left(\frac{b}{2}\right)^2 - 3 \left[R^2 + \left(\frac{b}{2}\right)^2\right]}{\left[R^2 + \left(\frac{b}{2}\right)^2\right]^2} + «z^4» \right\}, \tag{3.29}$$

wobei

$$H_z(0,0) = \frac{4\pi R^2 I}{\gamma \left(R^2 + \left(\frac{b}{2}\right)^2\right)^{3/2}} \tag{3.30}$$

gesetzt wurde und $«z^4»$ Terme mit z^n für $n \geqq 4$ charakterisiert. Für die r-Abhängigkeit erhalten wir somit aus Gl. (3.26)

$$H_z(0,r) =$$

$$= H_z(0,0) \left\{ 1 - \frac{r^2}{4} \frac{15 \left(\frac{b}{2}\right)^2 - 3 \left[R^2 + \left(\frac{b}{2}\right)^2\right]}{\left[R^2 + \left(\frac{b}{2}\right)^2\right]^2} + «r^4» \right\}, \tag{3.31}$$

d. h., die größte Homogenität für das Feld in der Mitte zwischen den beiden Kreisleitern wird erreicht, wenn man [vgl. Gln. (3.29) und (3.31)]

$$15\left(\frac{b}{2}\right)^2 = 3\left[R^2 + \left(\frac{b}{2}\right)^2\right],$$

also

$$b = R \tag{3.32}$$

wählt (HELMHOLTZ-Bedingung).

Hinsichtlich der Beschreibung des Magnetfeldes geschlossener Stromkreise mittels eines skalaren Potentials sei auf die Lehrbücher der theoretischen Physik verwiesen.

3.2. Induktionsgesetz und Selbstinduktivität

Bevor wir uns mit der Berechnung von Induktivitäten befassen, wollen wir einige Bemerkungen zum Induktionsgesetz vorausschicken. Im Induktionsgesetz (1.10),

$$\oint \boldsymbol{E}\,\mathrm{d}\boldsymbol{l} = -\frac{1}{\nu'\gamma}\frac{\mathrm{d}}{\mathrm{d}t}\iint \boldsymbol{B}\,\mathrm{d}\boldsymbol{s},$$

ist der Umlauf auf der linken Seite so zu vollziehen, daß er mit der Richtung von $\mathrm{d}\boldsymbol{s}$ eine Rechtsschraube bildet. Führen wir an Stelle der Feldstärke eine Spannung ein, dann ergibt sich (vgl. Abb. 3.2*a*), wenn wir die Kurve an

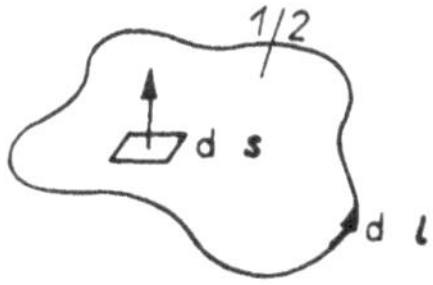

Abb. 3.2*a*. Zur Bedeutung der Spannung im Induktionsgesetz

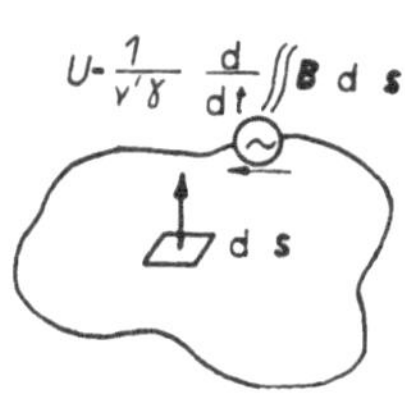

Abb. 3.2*b*. Ersatz-EMK für die Wirkung der Induktion

der Stelle *1/2* auftrennen, auf Grund von Gl. (2.10)

$$\Phi_2 - \Phi_1 = -\oint \boldsymbol{E}\,\mathrm{d}\boldsymbol{l} \tag{3.33}$$

und mit Gl. (1.10)

$$\Phi_2 - \Phi_1 = \frac{1}{\nu'\gamma}\,\frac{\mathrm{d}}{\mathrm{d}t}\iint \boldsymbol{B}\,\mathrm{d}\boldsymbol{s}\,. \tag{3.34}$$

Definieren wir als Richtung einer EMK die Richtung von + nach − zwischen ihren Anschlußklemmen, so wirkt also die Induktion wie eine EMK der Größe

$$U = +\frac{1}{\nu'\gamma}\,\frac{\mathrm{d}}{\mathrm{d}t}\iint \boldsymbol{B}\,\mathrm{d}\boldsymbol{s}\,,$$

die an beliebiger Stelle in den Kreis eingeschaltet wird und deren Richtung mit $\mathrm{d}\boldsymbol{s}$ eine Rechtsschraube bilden muß (vgl. Abb. 3.2*b*).

Wenn ein Leiter von einem Strom I durchflossen wird, so entsteht ein Magnetfeld, und wir nehmen an, daß der Fluß durch die von dem Leiter N-mal umschlossene Fläche $\iint \boldsymbol{B}\,\mathrm{d}\boldsymbol{s}$ ist. Dann definieren wir die Selbstinduktivität L des Leiters durch die Beziehung

$$LI = \frac{N}{\nu'\gamma}\iint \boldsymbol{B}\,\mathrm{d}\boldsymbol{s}\,, \tag{3.35}$$

so daß das Induktionsgesetz (1.10) (das im hier vorliegenden Fall zunächst auf der rechten Seite mit N multipliziert werden muß) die Form

$$\oint \boldsymbol{E}\,\mathrm{d}\boldsymbol{l} = -L\,\frac{\mathrm{d}I}{\mathrm{d}t} \tag{3.36}$$

erhält.

Damit L eine positive Größe wird, muß die positive Richtung von I mit $d\boldsymbol{s}$ eine Rechtsschraube bilden, da

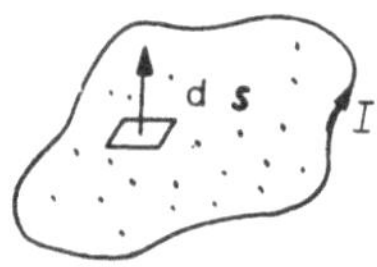

Abb. 3.3*a*. Zur Wahl des Vorzeichens der Selbstinduktivität

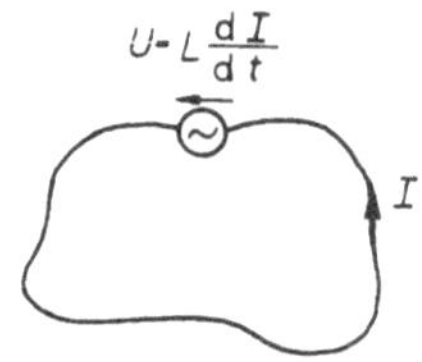

Abb. 3.3*b*. Ersatz-EMK für die Wirkung der Selbstinduktion

$\boldsymbol{B}$ nach Gl. (3.8) für die in Abb. 3.3*a* gezeichnete Richtung von I aus der Ebene heraus zeigt. Damit muß aber auch die Ersatz-EMK für die Wirkung der Selbstinduktion die gleiche Richtung wie der Strom besitzen (Abb. 3.3*b*).

Die Wirkung der Selbstinduktion kann also durch eine EMK ersetzt werden, deren Betrag $L\,dI/dt$ ist und deren Richtung mit der von I übereinstimmt.

Ersetzen wir $\boldsymbol{B}$ durch $\boldsymbol{H}$ entsprechend Gl. (1.6), so ergibt sich

$$L = \frac{\mu_v}{\gamma} N \frac{\iint \mu \boldsymbol{H} d\boldsymbol{s}}{I}, \tag{3.37}$$

woraus man erkennt, daß L bei konstantem μ eine rein geometrische Größe ist [vgl. Gl. (3.8)].

Als Anwendung dieser Gleichung berechnen wir die Induktivität einer eng bewickelten Zylinderspule der Länge l, des Querschnittes πR^2 und der Windungszahl N.

Mit Hilfe des Biot-Savartschen Gesetzes [Gl. (3.8)] ergibt sich zunächst für das Magnetfeld auf der Spulenachse z (vgl. Abb. 3.4)

$$H_z(z) = \frac{2\pi N I}{\gamma l}\left\{\frac{\frac{l}{2} - z}{\sqrt{R^2 + \left(\frac{l}{2} - z\right)^2}} + \frac{\frac{l}{2} + z}{\sqrt{R^2 + \left(\frac{l}{2} + z\right)^2}}\right\} \tag{3.38}$$

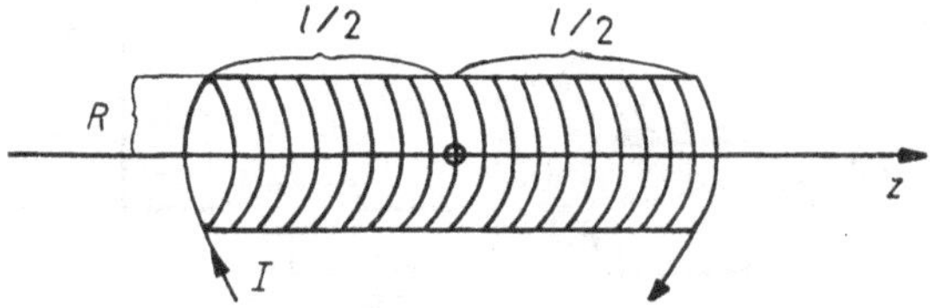

Abb. 3.4. Zur Ableitung der Induktivität einer eng bewickelten Zylinderspule

und damit, wenn wir die Änderung des Feldes über den Querschnitt vernachlässigen,

$$L = \frac{\mu\mu_v N}{\gamma I}\pi R^2 \frac{1}{l}\int_{-l/2}^{+l/2} H_z(z)\,\mathrm{d}z =$$

$$= \frac{4\pi\mu\mu_v}{\gamma^2}\frac{N^2}{l}\pi R^2\left[1 - \frac{R}{l} + \frac{1}{2}\left(\frac{R}{l}\right)^2\right]. \tag{3.39}$$

Aufgabe:

Man leite die Gleichung (3.38) ab.

Diese Formel stellt eine gute Näherung dar, da sie erst bei $2R/l \approx 1$ um etwa 5% vom genauen Wert für L abweicht.

Neben Gl. (3.37) gibt es noch eine zweite wichtige Formel zur Berechnung von Selbstinduktivitäten. Bei der Ableitung dieser Beziehung geht man vom Energieinhalt des magnetischen Feldes aus:

Wir betrachten die in Abb. 3.5 dargestellte Schaltung: Solange sich der Schalter S in der Stellung *1* befindet, fließt der Gleichstrom

$$\bar{I} = \frac{\bar{U}}{R} \tag{3.40}$$

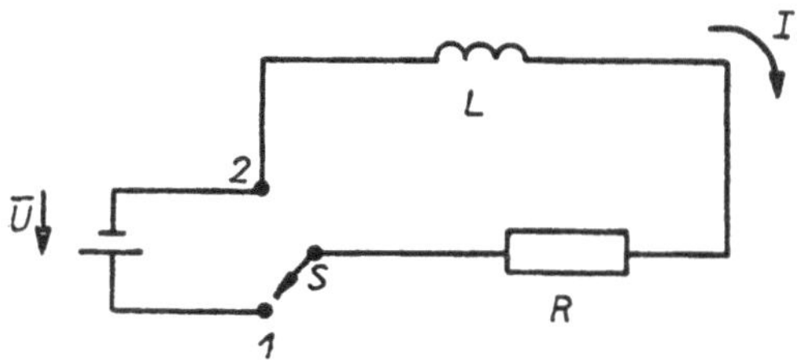

Abb. 3.5. Zur Berechnung des Energieinhaltes einer stromdurchflossenen Induktivität L

durch die Spule, der ein Magnetfeld um sich aufbaut, dessen Energieinhalt wir berechnen. Zu diesem Zweck schalten wir im Zeitpunkt $t = 0$ den Schalter nach Stellung *2*. Dann gilt für $t \geqq 0$

$$L \frac{\mathrm{d}I}{\mathrm{d}t} + RI = 0 \tag{3.41}$$

oder

$$I = \bar{I} \exp\left(-\frac{R}{L} t\right). \tag{3.42}$$

Die im Widerstand R in Wärme umgesetzte Energie beträgt also

$$E = \int_0^\infty RI^2 \mathrm{d}t = \frac{1}{2} L \bar{I}^2 \tag{3.43}$$

und stellt somit die Energie der vom Strom I durchflossenen Spule der Induktivität L dar.

Andererseits gilt aber für die Energie des magnetischen Feldes [vgl. Gl. (5.73)]

$$E_m = \frac{\mu_v}{8\pi} \int \mu \bar{\boldsymbol{H}}^2 \, d\tau, \tag{3.44}$$

wobei das Integral über den gesamten Raum zu erstrecken ist. Durch Gleichsetzen von Gl. (3.43) und Gl. (3.44) erhalten wir also

$$L = \frac{\mu_v}{4\pi} \frac{\int \mu \bar{\boldsymbol{H}}^2 \, d\tau}{\bar{I}^2}. \tag{3.45}$$

Als Anwendung dieser Gleichung berechnen wir die sogenannte innere Induktivität L_i. Darunter versteht man den Anteil, der vom Feld im Leiterinnern herrührt. Bezeichnen wir mit l die Länge des (geradlinigen) Leiterstückes, mit R den Radius des Querschnittes und mit $\bar{I}$ den Strom, der im Leiter fließt, so ergibt sich aus Gl. (3.1) für die magnetische Feldstärke an der Stelle r (vgl. Abb. 3.6)

$$\bar{H}_r = 0; \bar{H}_z = 0; 2\pi r \bar{H}_\varphi = \frac{4\pi}{\gamma} \left(\frac{\bar{I}}{\pi R^2} \pi r^2 \right), \tag{3.46}$$

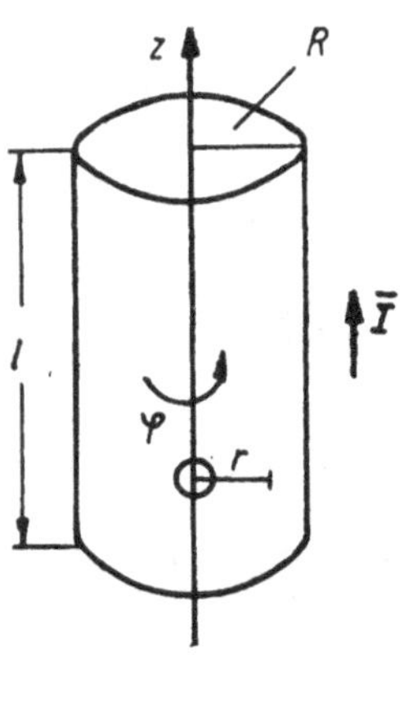

Abb. 3.6. Zur Berechnung der inneren Induktivität

also

$$L_i = \frac{\mu\mu_v}{4\pi} \int_0^R \frac{4}{\gamma^2} \frac{r^2}{R^4} \cdot 2\pi r l \mathrm{d}r = \frac{\mu\mu_v}{\gamma^2} \frac{l}{2}. \tag{3.47}$$

Diese innere Induktivität kommt stets zu der Induktivität hinzu, die wir z. B. nach Gl. (3.37) berechnen, wenn wir dort die Fläche von Drahtrand zu Drahtrand erstrecken (vgl. Abb. 3.7) oder wenn wir in Gl. (3.45) die

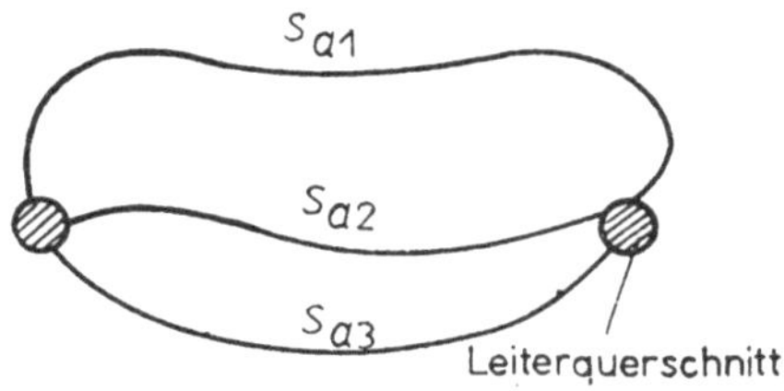

Abb. 3.7. Mögliche Integrationsflächen S_a für die Berechnung der äußeren Induktivität mittels Gl. (3.49)

Integration nur über den Raum außerhalb des Leiters durchführen. Dies gibt uns die Möglichkeit, die Gl. (3.37) so umzuschreiben, daß nur noch geometrische Größen in ihr auftreten.

Nennen wir sinngemäß die Differenz

$$L - L_i = L_a \tag{3.48}$$

äußere Induktivität, so gilt also nach Gl. (3.37) (für $N = 1$)

$$L_a = \frac{\mu\mu_v}{\gamma I} \iint_{S_a} \boldsymbol{H} \mathrm{d}\boldsymbol{s}, \tag{3.49}$$

wobei S_a eine beliebige Fläche ist, die von dem Leiter aufgespannt wird (vgl. Abb. 3.7).

Führen wir in Gl. (3.49) das Vektorpotential $\boldsymbol{A}$ nach Gl. (3.3) und unter Beachtung von Gl. (1.6) ein, so folgt zunächst

$$L_a = \frac{1}{\nu' \gamma I} \iint\limits_{S_a} \operatorname{rot} \boldsymbol{A} \, \mathrm{d}\boldsymbol{s} \tag{3.50}$$

und nach Anwendung des STOKESschen Satzes [vgl. Gl. (1.8)]

$$L_a = \frac{1}{\nu' \gamma I} \oint \boldsymbol{A} \, \mathrm{d}\boldsymbol{l}_R, \tag{3.51}$$

wobei der Index R darauf hinweisen soll, daß die Integration längs des Drahtrandes erfolgen muß. Verwenden wir noch die Beziehung (3.4), die wir näherungsweise durch

$$\boldsymbol{A}(\boldsymbol{r}) = \frac{\mu \mu_v \nu' I}{\gamma} \oint \frac{\mathrm{d}\boldsymbol{l}_A}{|\boldsymbol{r} - \boldsymbol{r}_A|} \tag{3.52}$$

ersetzen, wobei die Integration längs der Drahtachse erfolgt (Index A), so ergibt sich schließlich

$$L_a = \frac{\mu \mu_v}{\gamma^2} \oint \oint \frac{\mathrm{d}\boldsymbol{l}_A \, \mathrm{d}\boldsymbol{l}_R}{|\boldsymbol{r}_R - \boldsymbol{r}_A|} \tag{3.53}$$

und damit

$$L = \frac{\mu \mu_v}{\gamma^2} \left(\oint \oint \frac{\mathrm{d}\boldsymbol{l}_A \, \mathrm{d}\boldsymbol{l}_R}{|\boldsymbol{r}_R - \boldsymbol{r}_A|} + \frac{l}{2} \right). \tag{3.54}$$

Mittels dieser Gleichung läßt sich beispielsweise leicht die Induktivität des in Abb. 3.6 gezeigten Leiterstückes berechnen, wobei der Stromkreis über einen Leiter geschlossen wird, dessen Querschnittsradius groß gegen R sei. Es gilt

$$L = \frac{\mu \mu_v}{\gamma^2} \left(\int_0^l \int_0^l \frac{\mathrm{d}z \, \mathrm{d}z'}{\sqrt{R^2 + (z - z')^2}} + \frac{l}{2} \right) =$$

$$= \frac{2 \mu \mu_v}{\gamma^2} \, l \left\{ \ln \left(\frac{l}{R} + \sqrt{\left(\frac{l}{R}\right)^2 + 1} \right) - \sqrt{1 + \left(\frac{R}{l}\right)^2} + \right.$$

$$\left. + \frac{R}{l} + \frac{1}{4} \right\} \tag{3.55}$$

oder für $l \gg R$

$$L = \frac{2\mu\mu_v}{\gamma^2}\, l \left\{\ln \frac{2l}{R} - 0{,}75\right\}, \tag{3.56}$$

so daß also bei gleicher Länge l die Induktivität mit kleinerem R anwächst.

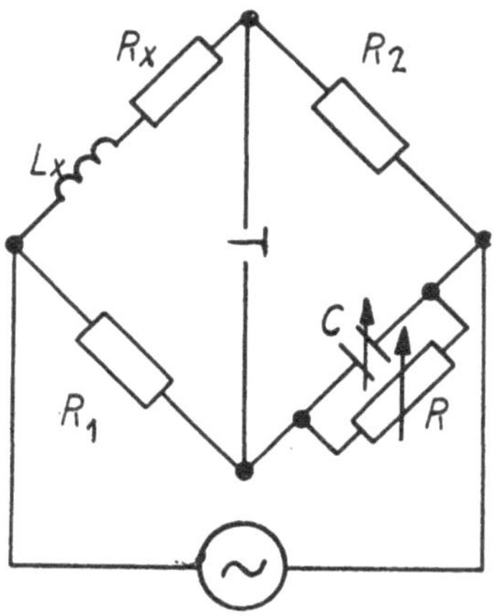

Abb. 3.8. Messung einer Spule (L_x, R_x) in der Brückenschaltung

Genaue Messungen von Induktivitäten führt man im allgemeinen in Brückenschaltungen entweder durch Vergleich mit einer Normalspule oder mit einem Normalkondensator aus. Im letzteren Fall ergibt sich (vgl. Abb. 3.8), wenn R_x den (unvermeidbaren) Verlustwiderstand darstellt, als Bedingung für den Nullabgleich

$$\frac{R_x + j\omega L_x}{R_2} = \frac{R_1}{\left(j\omega C + \frac{1}{R}\right)^{-1}} \tag{3.57}$$

oder

$$\left. \begin{aligned} L_x &= C R_1 R_2, \\ R_x &= \frac{R_1 R_2}{R}. \end{aligned} \right\} \tag{3.58}$$

Als Fehlerquellen kommen bei Induktivitätsmessungen (vgl. [K 2]) vor allem in Frage:

1. ferromagnetische Körper in der Nähe der Induktivitäten (L_x und R_x ändern sich und werden strom- und frequenzabhängig),
2. die Induktivitäten und Erdkapazitäten der Zuleitungen, Widerstände und Kondensatoren,
3. die ungleichmäßige Stromverteilung über den Leiterquerschnitt des Spulendrahtes bei hohen Frequenzen (durch den Skineffekt erhöht sich R_x, und L_x wird kleiner, da sich die Stromfäden nahe der der Spulenachse zugewandten Leiteroberfläche zusammenziehen),
4. Oberwellen des Wechselstromes, mit dem die Messungen durchgeführt werden,
5. Gegeninduktivitäten (auch mit den Zuleitungen),
6. die Spulenkapazität.

Spulenkapazitäten entstehen dadurch, daß die einzelnen Windungen bzw. Lagen einer Spule gegeneinander Kapazitäten besitzen. Diese lassen sich bei nicht zu hohen Frequenzen, d. h. solchen, bei denen die Phase des Stromes längs der Spule konstant bleibt, zu einer effektiven Kapazität, eben der sogenannten Spulenkapazität C_{sp} (vgl. Abb. 3.9) zusammenfassen.

Zur getrennten Messung von Induktivität L und Spulenkapazität C_{sp} muß man verschiedene Frequenzen verwenden. Man schaltet beispielsweise die Spule mit einer Kapazität C zusammen und mißt die Resonanzfrequenz ω_r für verschiedene Werte von C. Auf Grund der Beziehung

$$\omega_r^2 = \frac{1}{L(C + C_{sp})} \tag{3.59}$$

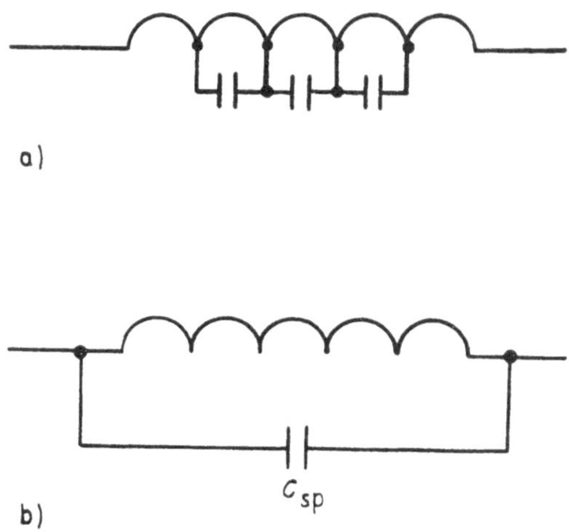

Abb. 3.9. Kapazität von Spulen
a) tatsächliche Verhältnisse; *b)* Ersatzschaltung

ergibt sich also eine Gerade, wenn man ω_r^{-2} über C aufträgt. Der (extrapolierte) Schnittpunkt dieser Geraden mit der C-Achse liefert unmittelbar C_{sp} und der Schnittpunkt mit der ω_r^{-2}-Achse LC_{sp}, woraus L bestimmt werden kann.

4. Gegeninduktivitäten

Wir betrachten zwei Stromkreise, die durch den Index 1 bzw. 2 gekennzeichnet seien. Auf Grund des Induktionsgesetzes (3.34) ergibt sich für die im Stromkreis *1* durch den Stromkreis *2* induzierte Spannung

$$U_1 = \frac{N_1}{\nu'\gamma} \frac{\mathrm{d}}{\mathrm{d}t} \iint_{S_1} \boldsymbol{B}_2 \mathrm{d}\boldsymbol{s}_1, \tag{4.1}$$

wobei $\boldsymbol{B}_2$ die vom Stromkreis *2* herrührende Induktion darstellt und der Stromkreis *1* die Fläche S_1 N_1-mal umschließt. Es ist wichtig, zu wiederholen [vgl. Gl. (3.34) ff.], daß U_1 die Spannung einer Ersatz-EMK darstellt, die in den Kreis *1* eingeschaltet wird und deren Richtung mit $\mathrm{d}\boldsymbol{s}_1$ eine Rechtsschraube bildet. Als Gegeninduktivität L_{12} zwischen den beiden Stromkreisen definieren wir dann analog zur Selbstinduktivität [vgl. Gl. (3.35)]

$$L_{12} I_2 = \frac{N_1}{\nu' \gamma} \iint_{S_1} \boldsymbol{B}_2 \mathrm{d}\boldsymbol{s}_1, \tag{4.2}$$

so daß das Induktionsgesetz (4.1) die Form

$$U_1 = L_{12} \frac{\mathrm{d}I_2}{\mathrm{d}t} \tag{4.3}$$

erhält. Damit die Gegeninduktivität eine positive Größe wird, muß das Integral auf der rechten Seite von Gl. (4.2) größer als Null sein, d. h., durch $\boldsymbol{B}_2$ ist die Richtung von $\mathrm{d}\boldsymbol{s}_1$ und damit diejenige von U_1 vorgegeben.

Während bei der Selbstinduktion also die Ersatz-EMK ($L\, \mathrm{d}I/\mathrm{d}t$) die Richtung des Stromes (I) besitzt, wird die Richtung der Ersatz-EMK ($L_{12}\, \mathrm{d}I_2/\mathrm{d}t$) der Gegeninduktion durch die Richtung von I_2 gegeben. Die beiden Ersatz-EMK besitzen also insbesondere gleiche (entgegengesetzte) Richtung, wenn I_2 den magnetischen Fluß des Stromkreises *1* verstärkt (schwächt).

Ersetzen wir $\boldsymbol{B}$ in Gl. (4.2) durch $\boldsymbol{H}$ entsprechend Gl. (1.6), so ergibt sich die Beziehung

$$L_{12} = \frac{\mu \mu_{\mathrm{v}}}{\gamma} N_1 \frac{\iint_{S_1} \boldsymbol{H}_2 \mathrm{d}\boldsymbol{s}_1}{I_2}. \tag{4.4}$$

Führen wir aber in Gl. (4.2) das Vektorpotential $\boldsymbol{A}$ nach Gl. (3.3) ein, wenden den STOKESschen Satz an und ersetzen $\boldsymbol{A}$ entsprechend Gl. (3.4) mit $\boldsymbol{I}\,\mathrm{d}\tau \approx I\,\mathrm{d}\boldsymbol{l}$, so folgt

$$L_{12} = \frac{\mu\mu_v}{\gamma^2} \oint_{S_1} \oint_{S_2} \frac{\mathrm{d}\boldsymbol{l}_1\,\mathrm{d}\boldsymbol{l}_2}{|\boldsymbol{r}_1 - \boldsymbol{r}_2|}, \tag{4.5}$$

wobei die Integrationen jeweils über den gesamten Stromkreis *1* bzw. *2* zu erfolgen haben, d. h., $\oint_{S_i} \mathrm{d}\boldsymbol{l}_i$ die Fläche S_i im allgemeinen N_i-mal umschließt.

Aus Gl. (4.5) ersieht man, daß die Gegeninduktivität ebenso wie die Selbstinduktivität bei feldunabhängigem μ eine rein geometrische Größe ist, für die

$$L_{12} = L_{21} \tag{4.6}$$

gilt.

Die Gleichungen (4.4) und (4.5) werden gewöhnlich den Berechnungen von Gegeninduktivitäten zugrunde gelegt.

Als Beispiel für die Anwendung, insbesondere im Hinblick auf die Frage nach der Richtung der Ersatz-EMK, wollen wir den Einfluß einer Abschirmung um eine Spule auf das elektrische Verhalten dieser Spule untersuchen. Um die Verhältnisse übersichtlich zu gestalten, betrachten wir eine Spule, die koaxial in einem Metallzylinder steckt, dessen Länge groß gegen den Querschnitt sei (vgl. Abb. 4.1).

Die Windungszahl der Spule sei N_1, ihr Querschnitt S_1. Dann ergibt sich für die Selbstinduktivität ohne Abschirmung [Gl. (3.37) mit Gl. (3.2)]

$$L_1 = \frac{\mu\mu_v}{\gamma} N_1 \frac{H_1 S_1}{I_1} = \frac{4\pi\mu\mu_v}{\gamma^2} \frac{N_1^2 S_1}{l} \tag{4.7}$$

und für die Selbstinduktivität des Zylinders, der als Spule mit der Windungszahl 1 und dem Querschnitt S_2 aufgefaßt werden kann,

$$L_2 = \frac{4\pi\mu\mu_v}{\gamma^2} \frac{S_2}{l}. \tag{4.8}$$

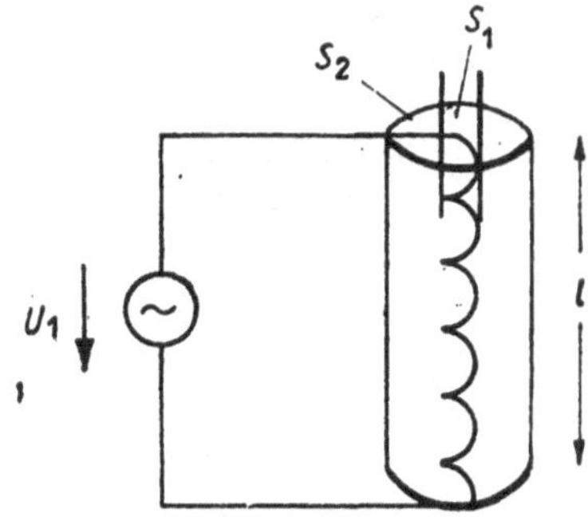

Abb. 4.1. Zur Abschirmwirkung eines Metallzylinders auf eine Spule
S_1 und S_2 sind die Querschnittsflächen

Die Gegeninduktivität schließlich folgt aus Gl. (4.4) zu

$$L_{12} = \frac{\mu\mu_v}{\gamma} N_1 \frac{H_2 S_1}{I_2} = \frac{4\pi\mu\mu_v}{\gamma^2} \frac{N_1 S_1}{l}, \qquad (4.9)$$

wobei wir H_2 entsprechend Gl. (3.2) eingesetzt haben. Nun schicken wir durch die Spule einen Wechselstrom

$$I_1 = \check{I}_1 \cos \omega t, \qquad (4.10)$$

wodurch im Abschirmzylinder ein Strom I_2 induziert wird. Als positive Stromrichtung legen wir dabei für I_1 und I_2 die gleiche Umlaufsrichtung um die Spulenachse fest. Dann haben die beiden Ersatz-EMK dieselbe Richtung, und es gilt, wenn wir mit R_2 den ohmschen Widerstand des Abschirmzylinders für den Strom I_2 bezeichnen (vgl. Abschnitt 1.2.),

$$R_2 \underline{I}_2 + j\omega L_2 \underline{I}_2 + j\omega L_{12} \underline{I}_1 = 0. \qquad (4.12)$$

Mit diesen Gleichungen lassen sich nun leicht die folgenden Fragen bezüglich der Wirkung des Zylinders beantworten:

1. Wie stark werden die Induktionswirkungen der Spule (z. B. auf eine die geschirmte Spule umgebende Drahtschleife) geschwächt?
2. Wie ändert sich die Induktivität der Spule?
3. Wie ändert sich der Verlustwiderstand der Spule?

Zur Beantwortung der ersten Frage schreiben wir den magnetischen Fluß auf:

$$\underline{\Phi} = \mu \mu_v \nu' (\underline{H}_1 S_1 + \underline{H}_2 S_2) =$$

$$= \underline{\Phi}_0 \left(1 + \frac{\underline{I}_2 S_2}{\underline{I}_1 N_1 S_1}\right), \tag{4.13}$$

wobei

$$\underline{\Phi}_0 = \mu \mu_v \nu' \underline{H}_1 S_1 \tag{4.14}$$

den Fluß ohne Abschirmung darstellt. Ersetzen wir in Gl. (4.13) $\underline{I}_2$ durch $\underline{I}_1$ nach Gl. (4.12) und setzen so hohe Frequenzen voraus, daß $R_2 \ll \omega L_2$ ist, so folgt

$$\underline{\Phi} = -j \underline{\Phi}_0 \frac{R_2}{\omega L_2}, \tag{4.15}$$

d. h., je geringer R_2 und je höher ω ist, desto besser wird die Abschirmung (Kupferzylinder mit gut verlöteter Stoßfuge verwenden!). Zur Beantwortung der zweiten und dritten Frage beachten wir, daß der im Abschirmzylinder induzierte Strom $\underline{I}_2$ wieder auf die Spule zurückwirkt, so daß im Spulenkreis gilt

$$\underline{U}_1 = j\omega L_1 \underline{I}_1 + R_1 \underline{I}_1 + j\omega L_{12} \underline{I}_2, \tag{4.16}$$

wobei $\underline{U}_1$ die komplexe Klemmenspannung der Spule und R_1 ihren ohmschen Widerstand bezeichnet (vgl. Abb. 4.1). Der sogenannte „Rückwirkungswiderstand" wird also durch den letzten Term bestimmt und ergibt sich zu

$$\underline{Z}_W = \frac{j\omega L_{12} \underline{I}_2}{\underline{I}_1} = \frac{\omega^2 L_{12}^2}{j\omega L_2 + R_2}, \tag{4.17}$$

wobei $\underline{I}_2$ nach Gl. (4.12) eingesetzt wurde.

Für genügend hohe Frequenzen ($\omega L_2 \gg R_2$) erhält man also damit

$$\underline{Z}_W = \frac{L_{12}^2}{L_2^2} R_2 - \frac{L_{12}^2}{L_2^2} j\omega L_2 \tag{4.18}$$

oder [vgl. Gln. (4.7) bis (4.9)], wenn wir mit L_{sp} bzw. R_{sp} die wirksame Induktivität bzw. den wirksamen Verlustwiderstand der Spule bezeichnen,

$$L_{sp} = L_1 \left(1 - \frac{S_1}{S_2}\right), \tag{4.19}$$

$$R_{sp} = R_1 + N_1^2 \left(\frac{S_1}{S_2}\right)^2 R_2. \tag{4.20}$$

Es ergibt sich also, daß durch die Abschirmung die Induktivität erniedrigt und der Verlustwiderstand vergrößert wird.

Hinsichtlich der Messung von Gegeninduktivitäten gilt im wesentlichen das Gleiche wie bei der Messung von Induktivitäten, wobei aber zusätzlich noch die Kapazität der beiden Spulen gegeneinander als Störquelle hinzukommt.

Als Beispiel betrachten wir die einfache Messung einer Gegeninduktivität aus dem Verhältnis von Sekundär- und Primärspannung: Gemäß Abb. 4.2 gilt (wobei U_2

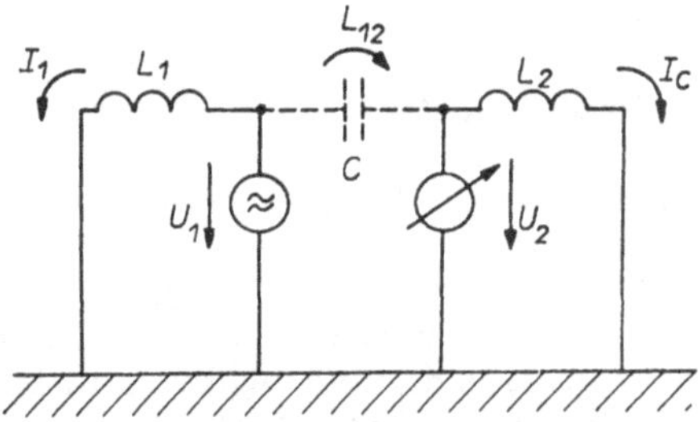

Abb. 4.2. Zur getrennten Messung von Gegeninduktivitäten und gegenseitiger Kapazität C

durch ein Instrument mit sehr hohem Eingangswiderstand angezeigt werden soll)

$$\underline{I}_1 = \frac{\underline{U}_1}{j\omega L_1} \tag{4.21}$$

und

$$\underline{U}_2 = \underline{I}_1 j\omega L_{12} + \underline{I}_C j\omega L_2 . \tag{4.22}$$

Nehmen wir an, daß $1/\omega C \gg \omega L_2$ gilt, so folgt

$$\underline{I}_C = \underline{U}_1 j\omega C \tag{4.23}$$

und damit

$$\underline{U}_2 = \underline{U}_1 \left(\frac{L_{12}}{L_1} - \omega^2 L_2 C\right), \tag{4.24}$$

d. h., wenn man U_2/U_1 über ω^2 aufträgt, erhält man eine Gerade, die die Ordinatenachse bei L_{12}/L_1 und die Abszissenachse bei $L_{12}(L_1 L_2 C)^{-1}$ schneidet und somit L_{12} und C bei bekanntem L_1 und L_2 liefert.

Auf weitere Methoden zur Messung von Gegeninduktivitäten wollen wir hier nicht näher eingehen, sondern verweisen auf die einschlägige Literatur [K 2].

5. Verluste

5.1. Dielektrische Verluste

Dielektrische Verluste beruhen einerseits auf der ungenügenden Isolationswirkung des Dielektrikums (Leckströme) und andererseits auf der „Reibung“ der im Dielektrikum bei elektrischen Wechselfeldern zu erzwungenen Schwingungen angeregten Ladungsträger.

Wir betrachten einen idealen Plattenkondensator ohne Dielektrikum, an dessen Platten die Spannung U gelegt sei (Abb. 5.1*a*). Dann befindet sich auf den Platten eine Ladung Q, und es gilt auf Grund der MAXWELLschen Gleichung (1.11)

$$D_{0z} = 4\pi\nu \frac{Q}{A}, \tag{5.1}$$

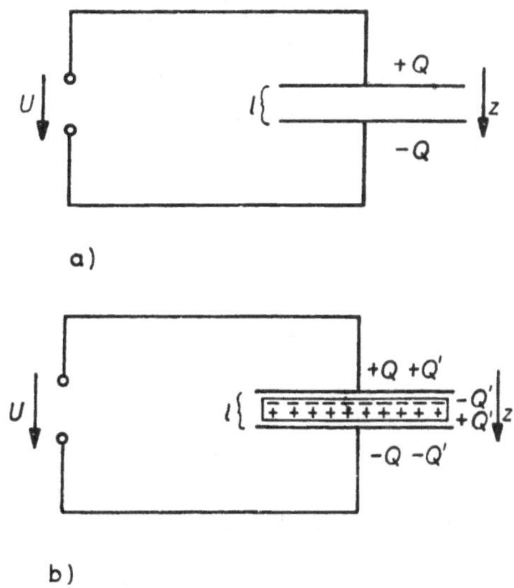

Abb. 5.1. Zum Zusammenhang zwischen elektrischer Verschiebung und Polarisation
a) Plattenkondensator ohne Dielektrikum; *b)* Plattenkondensator mit Dielektrikum bei gleicher Spannung

wobei D_{0z} die z-Komponente der elektrischen Verschiebung im Vakuum und A die Fläche des Kondensators bezeichnet. Nun schieben wir zwischen die Platten ein Dielektrikum (irgendwelche nichtleitende Materie). Dann erhöht sich die Ladung um Q', da durch die Wirkung des elektrischen Feldes im Dielektrikum atomare Dipole erzeugt (oder ausgerichtet) werden, deren „Hintereinanderschaltung" Anlaß zu einer Aufladung der Oberfläche des Dielektrikums (auf die Ladungen $\pm Q'$) gibt.

Bezeichnen wir mit $\boldsymbol{P}$ das elektrische Moment pro Volumeneinheit (elektrische Polarisation), wobei wir beachten müssen, daß die positive Richtung des elektrischen Momentes nach Definition von der negativen zur positiven Ladung zeigt, so gilt

$$P_z = \frac{Q'l}{Al} = \frac{Q'}{A}. \tag{5.2}$$

Berücksichtigen wir ferner, daß Gl. (1.11) im vorliegenden Fall die Form

$$D_z = 4\pi\nu \frac{Q + Q'}{A} \tag{5.3}$$

besitzt, so folgt die Beziehung

$$D_z = D_{0z} + 4\pi\nu P_z. \tag{5.4}$$

Auf Grund von Gl. (1.5) und der Tatsache, daß die Feldstärke hier mit und ohne Dielektrikum die gleiche ist (U/l), können wir Gl. (5.4) umschreiben zu

$$D_z = \varepsilon_V \nu E_z + 4\pi\nu P_z \tag{5.5}$$

oder in Vektorschreibweise

$$\boldsymbol{D} = \varepsilon_V \nu \boldsymbol{E} + 4\pi\nu \boldsymbol{P}. \tag{5.6}$$

Diese Gleichung gilt allgemein auch für inhomogene Felder und gibt in jedem Raumpunkt den Zusammenhang zwischen der dort herrschenden elektrischen Feldstärke $\boldsymbol{E}$, der elektrischen Verschiebung $\boldsymbol{D}$ und der elektrischen Polarisation $\boldsymbol{P}$.

Aus der oben erwähnten Tatsache, daß die Feldstärke mit und ohne Dielektrikum gleich U/l ist, darf nicht geschlossen werden, daß die Kraft auf ein geladenes Teilchen q des Dielektrikums qU/l sei; denn diese Beziehung gilt nur für eine *zusätzliche* Ladung q im Feldraum und nicht für Teilchen, die selbst zur Polarisation des Dielektrikums mit beitragen.

Eine genauere Untersuchung zeigt, daß hierfür näherungsweise ein effektives Feld $\boldsymbol{E}_{\text{eff}}$ in Frage kommt, für das bei kubischer Symmetrie des Kristallgitters oder völlig statistischer Anordnung

$$\boldsymbol{E}_{\text{eff}} = \frac{2 + \varepsilon}{3} \boldsymbol{E} \tag{5.7}$$

gilt. Auf die Ableitung dieser Beziehung, in der ε die relative Dielektrizitätskonstante bezeichnet, und die Darstellung besserer Näherungen (vgl. z. B. [S 5]) können wir hier nicht näher eingehen. Für die Komponente p des elektrischen Momentes der atomaren Teilchen in Richtung von $\boldsymbol{E}_{\text{eff}}$ nehmen wir die Gültigkeit der Beziehung

$$\frac{\mathrm{d}p}{\mathrm{d}t} = -\frac{1}{\tau_0}(p - \alpha E_{\text{eff}}) \tag{5.8}$$

an, d. h., für zeitlich konstantes E_{eff} gilt

$$p = \alpha E_{\text{eff}}, \tag{5.9}$$

wobei α die sogenannte statische Polarisierbarkeit ist, und für die zeitliche Abnahme von p nach Abschalten des Feldes

$$p = \alpha E_{\text{eff}} \exp\left(-\frac{t}{\tau_0}\right), \tag{5.10}$$

weshalb man τ_0 als Relaxationszeit bezeichnet. Die Werte von α und τ_0 werden durch den physikalischen Mechanismus bestimmt, der für das Zustandekommen von p verantwortlich ist. Für die Elektronenpolarisation (Verschiebung der Elektronenwolken) liegt $1/\tau_0$ im Gebiet des sichtbaren Lichtes, für die Ionenpolarisation (Verschiebung von Ionen aus ihren Gleichgewichtslagen) im Infrarotgebiet und für die Dipolpolarisation (Orientierung molekularer Dipole) im Hochfrequenzgebiet.

Legen wir an den Kondensator (Abb. 5.1) eine Wechselspannung $U = \check{U} \cos \omega t$, so besitzt auch E_{eff} eine sinusförmige Zeitabhängigkeit, und aus Gl. (5.8) folgt

$$\tau_0 j \omega \underline{p} = -\underline{p} + \alpha \underline{E}_{\text{eff}} \tag{5.11}$$

oder

$$\underline{p} = \frac{\alpha \underline{E}_{\text{eff}}}{1 + j\omega\tau_0} = \frac{\alpha}{1 + j\omega\tau_0} \frac{2 + \underline{\varepsilon}}{3} \underline{E}. \tag{5.12}$$

Dabei wurde auch ε komplex angesetzt, da $\underline{E}$ und $\underline{E}_{\text{eff}}$ im allgemeinen nicht den gleichen Phasenwinkel besitzen.

Auf Grund der Definition von P erhalten wir also aus Gl. (5.5)

$$\begin{aligned} \underline{D} &= \varepsilon_v \nu \underline{E} + 4\pi\nu\, {}^1N \underline{p} = \\ &= \varepsilon_v \nu \underline{E} + 4\pi\nu\, {}^1N \frac{\alpha}{1 + j\omega\tau_0} \frac{2 + \underline{\varepsilon}}{3} \underline{E}, \end{aligned} \tag{5.13}$$

wobei ${}^1N$ die Zahl der Dipole p in der Volumeneinheit bezeichnet. Beachten wir noch Gl. (1.5), so folgt schließlich die Formel von Clausius und Mosotti

$$\frac{\underline{\varepsilon} - 1}{\underline{\varepsilon} + 2} = \frac{4\pi}{3\varepsilon_v} {}^1N \frac{\alpha}{1 + j\omega\tau_0} \tag{5.14}$$

oder, wenn wir alle drei möglichen Arten von Polarisation berücksichtigen,

$$\frac{\underline{\varepsilon} - 1}{\underline{\varepsilon} + 2} = \frac{4\pi}{3\varepsilon_v} \left({}^1N_e \alpha_e + {}^1N_I \alpha_I + {}^1N_D \frac{\alpha_D}{1 + j\omega\tau_D} \right), \tag{5.15}$$

wobei sich die Indizes auf die Elektronen-, Ionen- und Dipolpolarisation beziehen und

$$\omega \tau_e, \quad \omega \tau_I \ll 1$$

angenommen wurde. Durch Auflösung der Gl. (5.15) nach ε ergibt sich

$$\underline{\varepsilon} = \varepsilon_\infty + \frac{\varepsilon_0 - \varepsilon_\infty}{1 + j\omega\left(\frac{\varepsilon_0 + 2}{\varepsilon_\infty + 2}\,\tau_D\right)}, \tag{5.15a}$$

wobei die Konstanten ε_∞ bzw. ε_0 den Wert von $\underline{\varepsilon}$ für Frequenzen $\omega\tau_D \gg 1$ bzw. $\omega\tau_D \ll 1$ bezeichnen. Für die Klammer im Nenner schreibt man oft τ, also

$$\frac{\varepsilon_0 + 2}{\varepsilon_\infty + 2}\,\tau_D = \tau, \tag{5.16}$$

und erhält damit die bekannte Beziehung

$$\underline{\varepsilon} = \varepsilon_\infty + \frac{\varepsilon_0 - \varepsilon_\infty}{1 + j\omega\tau}. \tag{5.15b}$$

Experimentell findet man beispielsweise für Wasser bei Zimmertemperatur

$$\varepsilon_0 = 80{,}36; \quad \varepsilon_\infty = 5{,}5 \quad \text{und} \quad \tau = 0{,}96 \cdot 10^{-11}\,\text{s}.$$

In vielen Fällen werden die experimentell gefundenen Werte für $\underline{\varepsilon}$ besser dargestellt, wenn man nicht ein bestimmtes τ_D annimmt, sondern ein ganzes Spektrum, d. h. den letzten Term in Gl. (5.15) mit einem Gewichtsfaktor multipliziert und über alle möglichen τ_D integriert.

$\underline{\varepsilon}$ ist außer für sehr hohe und sehr niedrige Frequenzen komplex, und man schreibt

$$\underline{\varepsilon} = \varepsilon' - j\varepsilon''. \tag{5.17}$$

Die beiden Anteile ε' und ε'' folgen leicht aus Gl. (5.15) bzw. der entsprechend erweiterten Beziehung.

Die Bedeutung einer komplexen Dielektrizitätskonstante für das elektrische Verhalten eines Kondensators ergibt sich aus der folgenden Betrachtung. Die Kapazität eines vollständig mit Dielektrikum erfüllten Kondensators ist

$$\underline{C} = \underline{\varepsilon} C_0, \tag{5.18}$$

wobei C_0 die Kapazität im Vakuum bezeichnet. Man erhält also für den Wechselstromwiderstand

$$\underline{Z} = \frac{1}{j\omega\underline{C}} = \frac{1}{j\omega(\varepsilon' - j\varepsilon'')C_0} = \\ = \frac{1}{j\omega C_0}\frac{\varepsilon'}{|\underline{\varepsilon}|^2} + \frac{\varepsilon''}{\omega C_0 |\underline{\varepsilon}|^2}, \tag{5.19}$$

und das ist dasselbe, als wenn wir einen verlustlosen Kondensator mit der Kapazität

$$C_{ers} = C_0 \frac{|\underline{\varepsilon}|^2}{\varepsilon'} \tag{5.20}$$

und einen ohmschen Widerstand

$$R_{ers} = \frac{\varepsilon''}{\omega C_0 |\underline{\varepsilon}|^2} \tag{5.21}$$

in Reihe schalten (vgl. Abb. 5.2). Meist charakterisiert man diesen zusätzlichen Verlustwiderstand durch den sogenannten Verlustwinkel δ, der durch die Beziehung

$$\tan\delta = \frac{P}{\omega E_{em}} \tag{5.22}$$

definiert ist, wobei P die ständig verbrauchte Verlustleistung, ω die Kreisfrequenz des Wechselstromes und

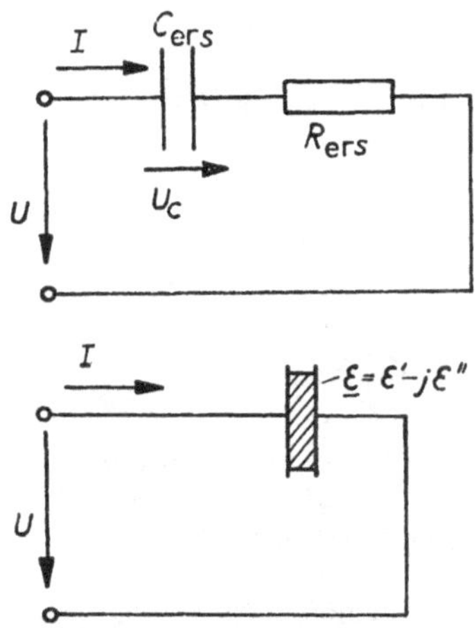

Abb. 5.2. Ersatzschaltung (*oben*) eines Kondensators mit komplexer Dielektrizitätskonstante (*unten*)

E_{em} die maximal gespeicherte elektromagnetische Energie bezeichnet. Oft gibt man statt dessen auch die Güte Q an, die als Kehrwert von $\tan \delta$ definiert wird:

$$Q = \frac{1}{\tan \delta}. \tag{5.23}$$

In unserem Fall (vgl. Abb. 5.2) folgt aus

$$\underline{I} = \frac{\underline{U}}{R_{ers} + \dfrac{1}{j\omega C_{ers}}}; \qquad \underline{U}_C = \frac{\underline{I}}{j\omega C_{ers}} \tag{5.24}$$

und

$$\left.\begin{aligned} P &= \frac{1}{2} R_{ers} \, |\underline{I}|^2, \\ E_{em} &= \frac{1}{2} C_{ers} \, |\underline{U}_C|^2 = \frac{1}{2} C_{ers} \frac{|\underline{I}|^2}{\omega^2 C_{ers}^2} \end{aligned}\right\} \tag{5.25}$$

sofort

$$\tan\delta = R_{\text{ers}}\,\omega\,C_{\text{ers}} = \frac{\varepsilon''}{\varepsilon'}. \tag{5.26}$$

Wie man sieht, stimmt das Resultat mit der oft verwendeten engeren Definition

$$\tan\delta = \left(\frac{\text{Verlustwiderstand}}{\text{Blindwiderstand}}\right)_{\text{bei Serienschaltung}} \tag{5.27}$$

überein. Da ε'' und ε' von den Eigenschaften des Dielektrikums abhängen [vgl. Gl. (5.15)], ist also folgender Fall möglich: Ein Dielektrikum A ist gut isolierend, hat aber einen großen Verlustwinkel, und ein anderes Dielektrikum B ist schlecht isolierend, besitzt aber einen kleinen $\tan\delta$. Das besagt, daß das Dielektrikum A für Gleichspannung gut geeignet ist, aber nicht für Wechselspannungen, und B gerade umgekehrt. Ideal ist natürlich ein gut isolierender Stoff mit kleinem $\tan\delta$ (z. B. Trolitul). Ein Beispiel für den Typ A ist Hartgummi.

Oft arbeitet man an Stelle der Dielektrizitätskonstanten ε mit der elektrischen Suszeptibilität χ_e, die definiert wird durch

$$\varepsilon = 1 + 4\pi\chi_e. \tag{5.28}$$

Ersetzen wir in Gl. (5.6) die linke Seite entsprechend Gl. (1.5) und beachten die Definitionsgleichung (5.28), so folgt sofort die bekannte Beziehung

$$\boldsymbol{P} = \varepsilon_v \chi_e \boldsymbol{E}. \tag{5.29}$$

5.2. Magnetische Verluste

Wir könnten prinzipiell die gleichen Betrachtungen wie bei den dielektrischen Verlusten durchführen, wenn wir analog ersetzen

$$\left.\begin{array}{lll} \varepsilon \to \mu, & \boldsymbol{E} \to \boldsymbol{H}, & \chi_e \to \chi_m, \\ \varepsilon_v \to \mu_v, & \boldsymbol{D} \to \boldsymbol{B}, & \\ \nu \to \nu', & \boldsymbol{P} \to \boldsymbol{M}, & \end{array}\right\} \quad (5.30)$$

wobei $\boldsymbol{M}$ als Magnetisierung und χ_m als magnetische Suszeptibilität bezeichnet wird. Wir wollen aber einen anderen Weg einschlagen, der auch auf die dielektrischen Verluste anwendbar ist und neue Erkenntnisse bringt:

Wir gehen von der sogenannten Relaxationsfunktion r aus, die durch folgende Vorschrift definiert ist:

$$\boldsymbol{H} = \begin{cases} \boldsymbol{H}_1 & \text{für } t = -\infty \cdots t', \\ 0 & \text{für } t \geqq t', \end{cases}$$

d. h., zur Zeit $t = t'$ werde $\boldsymbol{H}_1$ abgeschaltet. Dann gilt für $t \geqq t'$

$$\boldsymbol{M}(t) = r(t - t')\,\boldsymbol{H}_1. \quad (5.31)$$

Im allgemeinen ist die Relaxationsfunktion ebenso wie ε, χ_e und μ, χ_m ein Tensor, jedoch werden wir r im folgenden der Einfachheit halber als Skalar auffassen.

Die Beziehung zwischen der Relaxationsfunktion und der komplexen Suszeptibilität ergibt sich auf Grund folgender Überlegungen (vgl. Abb. 5.3).[1])

Die Magnetisierung zur Zeit t besitzt den Wert

$$r(t - t')\,\boldsymbol{H}_1,$$

wenn $\boldsymbol{H}_1$ zur Zeit t' abgeschaltet wird (Abb. 5.3*a*), den Wert

$$r\big(t - (t' + \Delta t')\big)\boldsymbol{H}_1,$$

[1]) Die hierbei vorausgesetzte Proportionalität zwischen $\boldsymbol{H}_1$ und $\boldsymbol{M}$ beschränkt die Gültigkeit aller folgenden Betrachtungen auf lineare Systeme oder bei beliebigen Systemen auf so kleine Erregungen (kleine $\boldsymbol{H}_1$), daß für diese die Proportionalität gewährleistet ist.

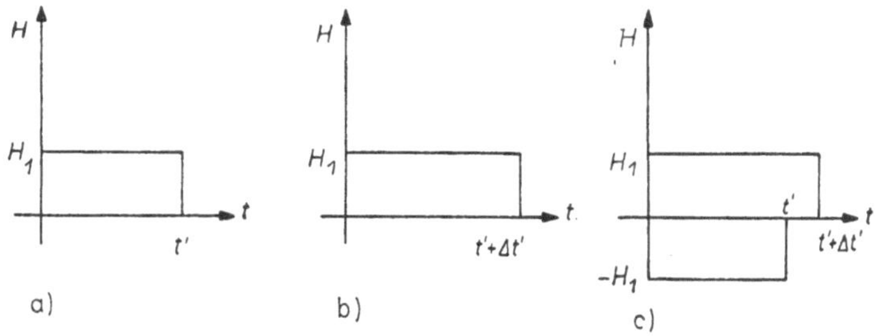

Abb. 5.3. Zum Zusammenhang zwischen der Relaxationsfunktion r und der komplexen Suszeptibilität (Erklärungen im Text)

wenn $\boldsymbol{H}_1$ zur Zeit $t' + \Delta t'$ abgeschaltet wird (Abb. 5.3*b*), und den Wert

$$-r(t-t')\,\boldsymbol{H}_1 + r\bigl(t-(t'+\Delta t')\bigr)\,\boldsymbol{H}_1 = \\ = \left(\frac{\mathrm{d}r(t-t')}{\mathrm{d}t'}\right)\Delta t'\,\boldsymbol{H}_1, \qquad (5.32)$$

wenn $\boldsymbol{H}_1$ kurzzeitig zur Zeit t' bis $t' + \Delta t'$ angeschaltet wird (Abb. 5.3*c*). Aus diesem Grund bezeichnet man

$$\frac{\mathrm{d}r(t-t')}{\mathrm{d}t'} = -\frac{\mathrm{d}r(t-t')}{\mathrm{d}t},$$

d. h. die negative Ableitung der Relaxationsfunktion, auch als „Impulsreaktion" oder als „Deltaantwort".

Da wir eine beliebige Zeitabhängigkeit von $\boldsymbol{H}_1 = \boldsymbol{H}_1(t')$ aus lauter einzelnen Impulsen entsprechender Amplitude zusammensetzen können, ergibt sich für die Magnetisierung $(\Delta t' \to \mathrm{d}t')$

$$\boldsymbol{M}(t) = \int_{-\infty}^{t} \left(\frac{\mathrm{d}}{\mathrm{d}t'}\,r(t-t')\right) \boldsymbol{H}_1(t')\,\mathrm{d}t' \qquad (5.33)$$

oder nach partieller Integration und unter Berücksichtigung von $r(\infty) = 0$ (da im Gleichgewichtszustand für $\boldsymbol{H}_1 = 0$ auch $\boldsymbol{M} = 0$ sein muß)

$$\boldsymbol{M}(t) = r(0)\boldsymbol{H}_1(t) - \int_{-\infty}^{t} r(t-t') \frac{\mathrm{d}\boldsymbol{H}_1(t')}{\mathrm{d}t'} \mathrm{d}t'. \tag{5.34}$$

Im speziellen Fall einer sinusförmigen Zeitabhängigkeit von $\boldsymbol{H}_1(t)$, die wir komplex darstellen:

$$\boldsymbol{H}_1(t) = \mathrm{Re}\{\underline{\boldsymbol{H}}_1 \exp(j\omega t)\}, \tag{5.35}$$

folgt mit $s = t - t'$

$$\underline{\boldsymbol{M}} = \left(r(0) - j\omega \int_0^\infty r(s) \exp(-j\omega s)\,\mathrm{d}s\right) \underline{\boldsymbol{H}}_1 \tag{5.36}$$

oder gemäß der entsprechend (5.30) übertragenen Gleichung (5.29)

$$\mu_\mathrm{v}\chi_\mathrm{m} = r(0) - j\omega \int_0^\infty r(s) \exp(-j\omega s)\,\mathrm{d}s. \tag{5.37}$$

Schreiben wir

$$\chi_\mathrm{m} = \chi'_\mathrm{m} - j\chi''_\mathrm{m}, \tag{5.38}$$

so folgen schließlich nach partieller Integration die gesuchten Beziehungen

$$\chi'_\mathrm{m} = \frac{1}{\mu_\mathrm{v}} \int_0^\infty \left(-\frac{\mathrm{d}r(s)}{\mathrm{d}s}\right) \cos\omega s\,\mathrm{d}s, \tag{5.39}$$

$$\chi''_\mathrm{m} = \frac{1}{\mu_\mathrm{v}} \int_0^\infty \left(-\frac{\mathrm{d}r(s)}{\mathrm{d}s}\right) \sin\omega s\,\mathrm{d}s. \tag{5.40}$$

Aus Gl. (5.37) ersehen wir, daß insbesondere

$$r(0) = \mu_v \chi_m(0) \tag{5.41}$$

ist, wobei $\chi_m(0)$ die statische Suszeptibilität bezeichnet.

Die Gleichungen (5.39) und (5.40) zeigen ferner, daß χ_m' und χ_m'' nicht unabhängig voneinander sein können. Zur Ableitung der Umrechnungsformel bilden wir die Funktion

$$\Psi(p) = \chi_m'(p) - j\chi_m''(p) - \chi_\infty, \tag{5.42}$$

wobei χ_∞ den Wert von χ_m' für $\omega \to \infty$ bezeichnet (χ_m'' verschwindet für $\omega \to \infty$, wie man unter der Voraussetzung, daß $\int_0^\infty |r(s)| \, ds$ endlich ist, mit Gl. (5.40) zeigen kann).

Diese Funktion ist für $\text{Im}\,\{p\} \leqq 0$ differenzierbar und besitzt keine Pole (analytische und reguläre Funktion), da $s \geqq 0$ ist, und somit gilt für den in Abb. 5.4 gezeigten Integrationsweg

$$\frac{1}{2}\Psi(\omega) = \frac{1}{2\pi j}\oint \frac{\Psi(p')\,dp'}{p' - \omega} = -\frac{1}{2\pi j}\oint \frac{\Psi(p')\,dp'}{p' - \omega} \tag{5.43}$$

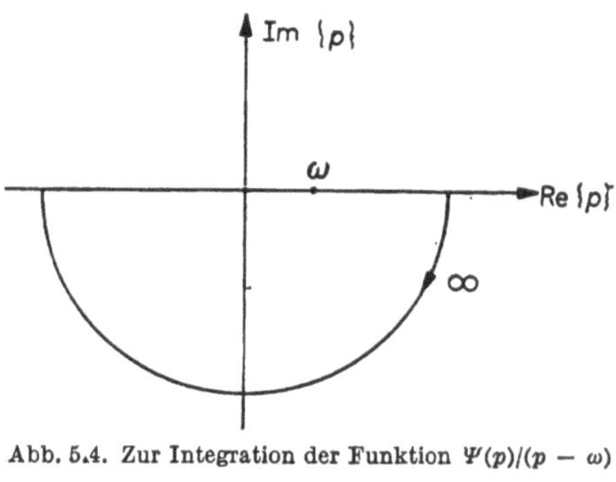

Abb. 5.4. Zur Integration der Funktion $\Psi(p)/(p - \omega)$

oder

$$\frac{1}{2}\,\Psi(\omega) = -\frac{1}{2\pi j}\,\mathsf{C}\int\limits_{-\infty}^{+\infty}\frac{\Psi(p')\,\mathrm{d}p'}{p'-\omega}, \tag{5.44}$$

wobei C den CAUCHYschen Hauptwert, also

$$\mathsf{C}\int\limits_{-\infty}^{+\infty} = \lim_{\varepsilon\to 0}\left\{\int\limits_{-\infty}^{\omega-\varepsilon} + \int\limits_{\omega+\varepsilon}^{\infty}\right\}, \tag{5.45}$$

bezeichnet.

Ersetzen wir in Gl. (5.44) $\Psi(p)$ entsprechend Gl. (5.42) und trennen Real- und Imaginärteil, so folgen schließlich die sogenannten KRONIG-KRAMERSschen Beziehungen

$$\chi_{\mathrm{m}}''(\omega) = -\frac{1}{\pi}\,\mathsf{C}\int\limits_{-\infty}^{+\infty}\frac{\chi_{\mathrm{m}}'(\omega')-\chi_\infty}{\omega'-\omega}\,\mathrm{d}\omega', \tag{5.46}$$

$$\chi_{\mathrm{m}}'(\omega)-\chi_\infty = \frac{1}{\pi}\,\mathsf{C}\int\limits_{-\infty}^{+\infty}\frac{\chi_{\mathrm{m}}''(\omega')}{\omega'-\omega}\,\mathrm{d}\omega'. \tag{5.47}$$

Der Zusammenhang zwischen Real- und Imaginärteil (genauer zwischen $\chi_{\mathrm{m}}'-\chi_\infty$ und χ_{m}'') wird also durch die HILBERT-Transformation gegeben.[1])

Als Beispiel für eine einfache Relaxationsfunktion betrachten wir

$$r(s) = c\exp\left(-\frac{s}{\tau}\right) + c_0\exp\left(-\frac{s}{\tau_0}\right) \tag{5.48}$$

---

[1]) Wenn $f(t)$ eine reelle Funktion der reellen Variablen t ist, so bezeichnet man

$$\frac{1}{\pi}\,\mathsf{C}\int\limits_{-\infty}^{+\infty}\frac{f(t_0)}{t_0-t}\,\mathrm{d}t_0$$

als HILBERT-Transformierte von $f(t)$.

mit $\tau_0 \to 0$, d. h., $\boldsymbol{M}(t)$ nimmt nach Abschaltung des Magnetfeldes entsprechend der Überlagerung zweier Exponentialfunktionen ab, von denen die eine sehr schnell (in Zeiten von der Größenordnung einer Periode der Lichtwellen) abklingt.

Setzen wir Gl. (5.48) in die Gleichungen (5.39) und (5.40) ein, so folgt

$$\chi'_{\rm m}(\omega) = \frac{c/\mu_{\rm v}}{1 + (\omega\tau)^2} + \frac{c_0}{\mu_{\rm v}}, \tag{5.49}$$

$$\chi''_{\rm m}(\omega) = \frac{c\,\omega\tau/\mu_{\rm v}}{1 + (\omega\tau)^2} \tag{5.50}$$

oder

$$\chi'_{\rm m}(\omega) = \frac{\chi_0 - \chi_\infty}{1 + (\omega\tau)^2} + \chi_\infty, \tag{5.51}$$

$$\chi''_{\rm m}(\omega) = \frac{(\chi_0 - \chi_\infty)\,\omega\tau}{1 + (\omega\tau)^2} \tag{5.52}$$

mit

$$\chi_0 = \frac{c + c_0}{\mu_{\rm v}}, \qquad \chi_\infty = \frac{c_0}{\mu_{\rm v}}. \tag{5.53}$$

Die Gleichungen (5.51) und (5.52) gelten analog für elektrische Suszeptibilitäten und stimmen unter Berücksichtigung von Gl. (5.28) mit der Beziehung (5.15b) überein. Die Frequenzabhängigkeit des Real- und Imaginärteils der Suszeptibilität nach den Gleichungen (5.51) und (5.52) ist in Abb. 5.5 dargestellt.

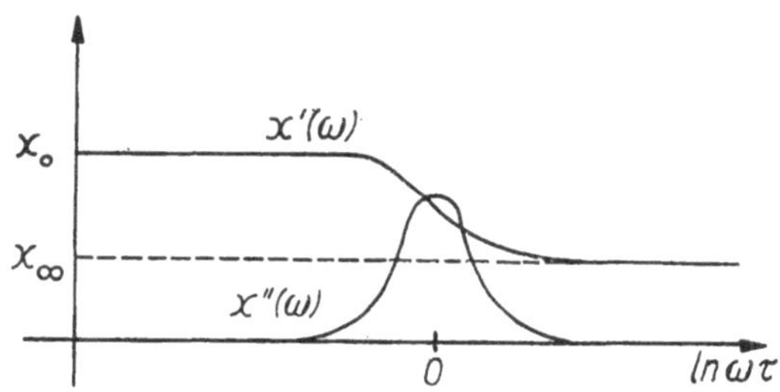

Abb. 5.5. Frequenzabhängigkeit des Real- und Imaginärteils der Suszeptibilität entsprechend den Gleichungen (5.51) und (5.52)

Nach diesen allgemeinen Betrachtungen wollen wir uns nun dem eigentlichen Problem, den magnetischen Verlusten, zuwenden.

In einem ferromagnetischen Material entstehen außer den Wirbelstrom- und dielektrischen Verlusten (vgl. 5.1. und 5.3.) die sogenannten *Hysterese-* und *Nachwirkungs*verluste.

Die *Hysteresekurve* ist die graphische Darstellung der Induktion B (oder der Magnetisierung M) als Funktion der magnetischen Feldstärke H (vgl. Abb. 5.6), wobei die umschlossene Fläche ein Maß für die im Ferromagnetikum absorbierte Energie beim einmaligen Durchlaufen dieser Schleife darstellt.

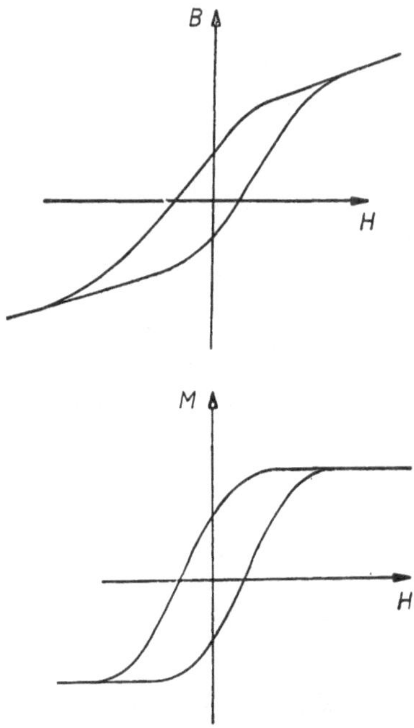

Abb. 5.6. Hysteresekurven $B(H)$ (*oben*) und $M(H)$ (*unten*)

Zum Beweis der genauen Beziehung berechnen wir zunächst die elektrische Feldenergie und übertragen dann das Resultat auf magnetische Felder [vgl. (5.30)]. In einem idealen Plattenkondensator (vgl. z. B. Abb. 2.1, S. 62) herrsche das elektrische Feld E. Dann vergrößert sich die Energie dieses Feldes um den Betrag

$$\mathrm{d}E_e = E l \mathrm{d}Q, \tag{5.54}$$

wenn wir die differentielle Ladung $\mathrm{d}Q$ von der negativen zur positiven Platte (die den Abstand l besitzen) transportieren. Auf Grund der MAXWELLschen Gleichung (1.11) gilt andererseits

$$Q = \frac{DA}{4\pi\nu}, \tag{5.55}$$

wobei A die Plattenfläche, Q die Gesamtladung und D die elektrische Verschiebung bedeutet, und damit

$$\mathrm{d}E_e = \frac{ElA}{4\pi\nu}\,\mathrm{d}D. \tag{5.56}$$

Da lA das Feldvolumen V darstellt und $\boldsymbol{E}$ und $\boldsymbol{D}$ parallel sind, können wir weiter schreiben

$$\mathrm{d}E_e = \frac{V}{4\pi\nu}\,\boldsymbol{E}\,\mathrm{d}\boldsymbol{D}. \tag{5.57}$$

Diese Gleichung gilt auch für nichtparallele $\boldsymbol{E}$ und $\boldsymbol{D}$. Für die Gesamtenergie des Feldes ergibt sich

$$E_e = \frac{V}{4\pi\nu}\int_0^{\boldsymbol{D}} \boldsymbol{E}\,\mathrm{d}\boldsymbol{D} \tag{5.58}$$

und, übertragen auf magnetische Felder,

$$E_m = \frac{V}{4\pi\nu'}\int_0^{\boldsymbol{B}} \boldsymbol{H}\,\mathrm{d}\boldsymbol{B}. \tag{5.59}$$

Bei einem Umlauf der Hystereseschleife geht also die Energie

$$E_m^{(1)} = \frac{V}{4\pi\nu'} \oint \boldsymbol{H} \mathrm{d}\boldsymbol{B} \tag{5.60}$$

im Material verloren, und es wird die Verlustleistung, wenn f die Frequenz des Wechselstromes bezeichnet,

$$P_H = V \frac{f}{4\pi\nu'} \oint \boldsymbol{H} \mathrm{d}\boldsymbol{B}, \tag{5.61}$$

wobei im allgemeinen $\oint \boldsymbol{H} \mathrm{d}\boldsymbol{B}$ noch eine Funktion von f ist, da die Hysteresekurve von der Geschwindigkeit abhängt, mit der sie durchlaufen wird. Die Gleichung (5.61) läßt sich leicht für den Fall umschreiben, daß die Hysteresekurve die Magnetisierung als Funktion der Feldstärke darstellt, indem man Gl. (5.6) entsprechend (5.30) überträgt und in Gl. (5.61) einsetzt:

$$P_H = V \frac{f}{4\pi} \mu_v \oint \boldsymbol{H} \mathrm{d}\boldsymbol{H} + V f \oint \boldsymbol{H} \mathrm{d}\boldsymbol{M} \tag{5.62}$$

oder, da der erste Summand verschwindet,

$$P_H = V f \oint \boldsymbol{H} \mathrm{d}\boldsymbol{M} \tag{5.63}$$

bzw. wegen $\oint \mathrm{d}(\boldsymbol{H}\boldsymbol{M}) \equiv 0$

$$P_H = - V f \oint \boldsymbol{M} \mathrm{d}\boldsymbol{H}. \tag{5.64}$$

Die Hystereseverluste [Gln. (5.61), (5.63) und (5.64)] wachsen im allgemeinen nicht quadratisch mit der magnetischen Erregung an und führen bei kleinen Wechselfeldstärken ($B < 10$ G) erfahrungsgemäß zu einem effektiven Verlustwiderstand, der proportional der Feldstärke ist.

Demgegenüber sind die *Nachwirkungsverluste*, die auf irreversiblen Wandverschiebungen und der ferromagnetischen Resonanz beruhen, bei geringen Erregungen (so daß μ bzw. χ_m nicht von der Feldstärke abhängt) proportional dem Quadrat der Feldstärke und geben Anlaß zu einem feldstärkeunabhängigen Verlustwiderstand.

Es gilt nämlich zunächst [vgl. Gln. (5.29) und (5.30)]

$$\boldsymbol{M} = \mu_\mathrm{v} \chi_\mathrm{m} \boldsymbol{H} \tag{5.65}$$

oder, wenn wir eine sinusförmige Zeitabhängigkeit für $\boldsymbol{H}$ annehmen,

$$\boldsymbol{H} = \mathrm{Re}\,\{\check{\boldsymbol{H}} \exp(j\omega t)\}, \tag{5.66}$$

$$\boldsymbol{M} = \mu_\mathrm{v} \underline{\chi}_\mathrm{m} \check{\boldsymbol{H}}. \tag{5.67}$$

Führen wir in diese Gleichung den Real- und Imaginärteil der Suszeptibilität nach Gl. (5.38) ein, so folgt

$$\boldsymbol{M} = \mathrm{Re}\,\{\mu_\mathrm{v}(\chi_\mathrm{m}' - j\chi_\mathrm{m}'')\,\check{\boldsymbol{H}}\,(\cos\omega t + j\sin\omega t)\} \tag{5.68}$$

oder

$$\boldsymbol{M} = \mu_\mathrm{v} \chi_\mathrm{m}' \check{\boldsymbol{H}} \cos\omega t + \mu_\mathrm{v} \chi_\mathrm{m}'' \check{\boldsymbol{H}} \sin\omega t \tag{5.69}$$

und für die Verlustleistung analog zu Gl. (5.63)[1])

$$\begin{aligned} P &= Vf \int_0^{1/f} \check{\boldsymbol{H}} \cos\omega t\,(-\mu_\mathrm{v}\chi_\mathrm{m}' \check{\boldsymbol{H}}\,\omega \sin\omega t + \\ &\quad + \mu_\mathrm{v}\chi_\mathrm{m}'' \check{\boldsymbol{H}}\,\omega \cos\omega t)\,\mathrm{d}t = \\ &= V\pi f\,\check{\boldsymbol{H}}^2 \chi_\mathrm{m}''\,\mu_\mathrm{v}. \end{aligned} \tag{5.70}$$

Wenn das magnetische Feld nicht homogen ist und eventuell auch die Suszeptibilität vom Ort abhängt, muß in

---

1) Man beachte, daß aber hier χ_m unabhängig von $\check{\boldsymbol{H}}$ ist!

den Gleichungen (5.57) ff. die Multiplikation mit V auf der rechten Seite durch eine Integration über den gesamten Raum ersetzt werden, so daß insbesondere Gl. (5.70) die allgemeine Form

$$P = \pi \mu_{\mathrm{v}} f \int \check{\boldsymbol{H}}^2(\boldsymbol{r})\, \chi_m''(\boldsymbol{r})\, \mathrm{d}\tau \tag{5.71}$$

und Gl. (5.59) die allgemeine Form

$$E_{\mathrm{m}} = \frac{1}{4\pi\nu'} \int \left(\int_0^{\boldsymbol{B}} \boldsymbol{H}\, \mathrm{d}\boldsymbol{B} \right) \mathrm{d}\tau \tag{5.72}$$

erhält. Nehmen wir an, daß μ nicht von der Feldstärke abhängt, so läßt sich Gl. (5.72) unter Verwendung von Gl. (1.6) leicht integrieren, und man erhält

$$E_{\mathrm{m}} = \frac{\mu_{\mathrm{v}}}{8\pi} \int \mu\, \boldsymbol{H}^2 \mathrm{d}\tau . \tag{5.73}$$

Für die Induktivität folgt daraus, wie im Abschnitt 3 gezeigt wurde [Gl. (3.45)],

$$L = \frac{\mu_{\mathrm{v}}}{4\pi} \frac{\int \mu \dot{H}^2\, \mathrm{d}\tau}{I^2} \tag{5.74}$$

oder, wenn μ nicht vom Ort abhängt,

$$L = \eta L_0 \mu + L_0(1 - \eta), \tag{5.75}$$

wobei L_0 die Vakuuminduktivität ($\mu = 1$) und η den durch die Beziehung

$$\eta = \frac{\int\limits_v H^2\, \mathrm{d}\tau}{\int H^2 \mathrm{d}\tau} \tag{5.76}$$

definierten Füllfaktor darstellt. Das Integral im Zähler ist dabei nur über das Volumen v zu erstrecken, das von dem Medium mit der Permeabilität μ eingenommen wird.

Für den Wechselstromwiderstand der Induktivität ergibt sich also unter Beachtung von Gl. (5.28) und der Analogie (5.30)

$$\underline{Z} = j\omega L = j\omega L_0(1 + 4\pi\eta\,\chi_{\mathrm{m}}) \tag{5.77}$$

oder mit Gl. (5.38)

$$\underline{Z} = j\omega L_0(1 + 4\pi\eta\,\chi_{\mathrm{m}}') + \omega L_0 \cdot 4\pi\eta\,\chi_{m}'', \tag{5.78}$$

d. h., die Induktivität verhält sich wie die Hintereinanderschaltung einer verlustfreien Induktivität und eines ohmschen Widerstandes. Berücksichtigen wir noch den ohmschen Widerstand R des Spulendrahtes, so folgt schließlich für den Verlustwinkel [vgl. Gl. (5.27)]

$$\tan\delta = \frac{R + \omega L_0 \cdot 4\pi\eta\,\chi_{\mathrm{m}}''}{\omega L_0\,(1 + 4\pi\eta\,\chi_{\mathrm{m}}')}\,. \tag{5.79}$$

Als Anwendung wollen wir den Einfluß eines Luftspaltes auf die magnetischen Verluste untersuchen. Man verwendet bei derartigen Betrachtungen gern das sogenannte magnetische Ohmsche Gesetz, das für geschlossene magnetische Kreise mit vernachlässigbaren Streuungen gilt, d. h. für den Fall, daß der magnetische Fluß

$$\Phi = \iint \boldsymbol{B}\,\mathrm{d}\boldsymbol{s} \tag{5.80}$$

längs des betrachteten Weges konstant ist. Aus dem Durchflutungsgesetz folgt zunächst (vgl. Abb. 5.7)

$$\frac{4\pi}{\gamma}\,NI = H_1 l_1 + H_2 l_2 + H_3 l_3 \tag{5.81}$$

und bei vernachlässigbaren Streuungen

$$\frac{4\pi}{\gamma}\,NI = \Phi\left(\frac{l_1}{\mu_1\mu_{\mathrm{v}}\nu' A_1} + \frac{l_2}{\mu_2\mu_{\mathrm{v}}\nu' A_2} + \frac{l_3}{\mu_3\mu_{\mathrm{v}}\nu' A_3}\right), \tag{5.82}$$

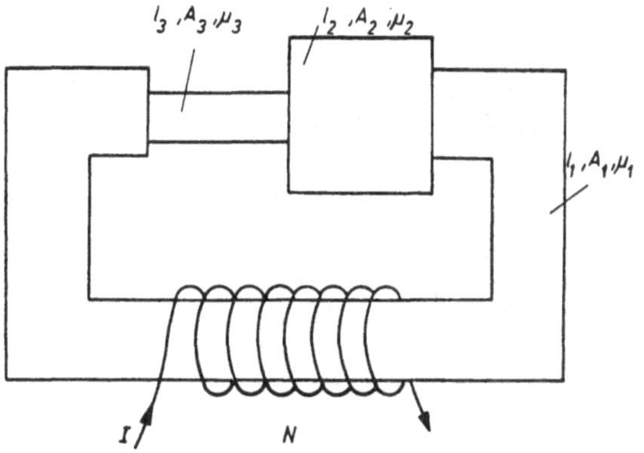

Abb. 5.7. Zum magnetischen OHMschen Gesetz

wobei l_i bzw. A_i die Länge bzw. der Querschnitt des Materials mit der Permeabilität μ_i ist. Den Term auf der linken Seite von Gl. (5.82) bezeichnet man als magnetische Spannung, Φ als magnetischen Strom und die Klammer rechts als magnetischen Widerstand.

Wir wenden nun das magnetische OHMsche Gesetz auf den speziellen Fall an, daß in ein Joch ein Luftspalt der Breite h eingesägt ist (vgl. Abb. 5.8) und daß der Strom I sinusförmig verläuft.

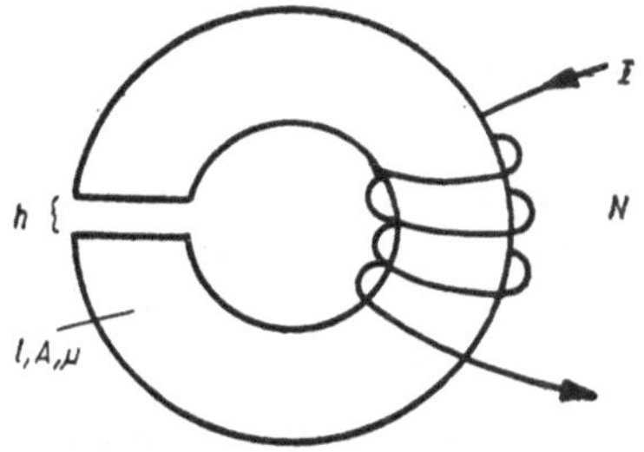

Abb. 5.8. Zur Wirkung eines Luftspaltes auf die magnetischen Verluste

Dann lautet das magnetische OHMsche Gesetz

$$\frac{4\pi}{\gamma} N \underline{I} = \underline{\Phi} \left(\frac{l}{\underline{\mu} \mu_v \nu' A} + \frac{h}{\mu_v \nu' A} \right), \tag{5.83}$$

und die komplexe Induktivität $\underline{L}$ wird gemäß Gl. (3.35)

$$\underline{L} = \frac{N}{\nu' \gamma} \cdot \frac{\underline{\Phi}}{\underline{I}} = \frac{4\pi}{\gamma^2} N^2 \mu_v A \left(\frac{l}{\underline{\mu}} + h \right)^{-1} =$$

$$= \frac{4\pi}{\gamma^2} N^2 \mu_v A \, \frac{\mu' - j\mu''}{l + h\mu' - jh\mu''}, \tag{5.84}$$

wobei wir

$$\underline{\mu} = \mu' - j\mu'' \tag{5.85}$$

eingesetzt haben. Nun ist für niedrige Frequenzen stets $\mu'' \ll \mu'$, so daß wir Gl. (5.84) zu

$$\underline{L} = \frac{4\pi}{\gamma^2} N^2 \mu_v A \, \frac{\mu'(l + h\mu') - j\mu'' l}{l^2 + h^2 \mu'^2 + 2 l h \mu'} \tag{5.86}$$

vereinfachen können, woraus bei Vernachlässigung des ohmschen Spulenwiderstandes für den Verlustwinkel folgt [vgl. Gl. (5.27)]

$$\tan\delta = \frac{\mu'' l}{\mu'(l + h\mu')} = (\tan\delta)_{h=0} \left(1 + \frac{h\mu'}{l} \right)^{-1}. \tag{5.87}$$

$\tan\delta$ wird also durch den Luftspalt um den Faktor $(1 + h\mu'/l)^{-1}$ verbessert. Andererseits verringert sich auch die Induktivität [Realteil von Gl. (5.86)] um denselben Faktor, so daß eine größere Zahl von Windungen aufgebracht werden muß, wodurch der Drahtwiderstand größer und ein Teil des Vorteils wieder zunichte gemacht wird.

5.3. Wirbelstromverluste

Wir betrachten eine lange Spule mit rechteckigem Querschnitt, deren Achse in z-Richtung liegt. Dann gilt für die Feldstärke [vgl. Gl. (3.2)]

$$H_z = \frac{4\pi}{\gamma} \frac{NI}{l}, \tag{5.88}$$

wobei N die Windungszahl und l die Länge der Spule ist. Nun bringen wir in diese Spule parallel zur Spulenachse dünne, voneinander isolierte Bleche, deren Dicke $2a$ und deren Breite b sei (vgl. Abb. 5.9).

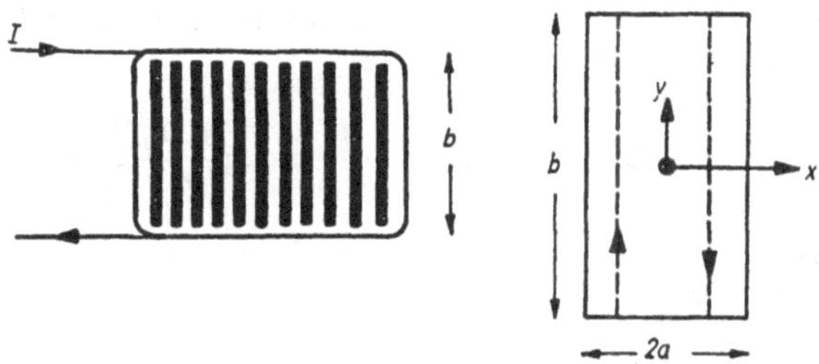

Abb. 5.9. Querschnitt der betrachteten Spule und eines einzelnen (nicht maßstäblich vergrößert gezeichneten) Bleches

Während für einen Gleichstrom die magnetische Induktion über den Blechquerschnitt den konstanten Wert

$$B_{0z} = \mu\mu_v \nu' \frac{4\pi}{\gamma} \frac{NI}{l} \tag{5.89}$$

besitzt, treten bei zeitabhängigem I Induktionsströme (Wirbelströme) in den Blechen auf, deren Magnetfelder zu einer Ortsabhängigkeit von B_z führen.

Zur Berechnung verwenden wir folgendes Näherungsverfahren: Wir gehen von der magnetischen Induktion nach Gl. (5.89) (nullte Näherung) aus und berechnen mit Hilfe des Induktionsgesetzes die elektrische Feldstärke im Blech. Daraus ermitteln wir mit Hilfe des OHMschen Gesetzes den Strom und aus diesem über das Durchflutungsgesetz die zugehörige magnetische Feldstärke bzw. Induktion, die als erste Korrektion an B_{0z} anzubringen ist. Mit diesem korrigierten $B_z = B_{1z}$ (erste Näherung) führen wir denselben Rechengang wieder durch und erhalten eine noch bessere (die zweite) Näherung für B_z usw., bis sich die aufeinanderfolgenden Näherungen kaum mehr unterscheiden, der wahre Wert also entsprechend genau angenähert ist.

Wir begnügen uns im folgenden mit der ersten Näherung: Für den in Abb. 5.9 gestrichelt gezeichneten Umlauf liefert das Induktionsgesetz, wenn wir mit E_b bzw. E_a die Komponente der elektrischen Feldstärke in Richtung dieses Umlaufs bezeichnen,

$$2E_b b + 2E_a \cdot 2x = \frac{1}{\nu'\gamma}\, b \cdot 2x \frac{\mathrm{d}B_{0z}}{\mathrm{d}t}, \qquad (5.90)$$

woraus für einen sinusförmig verlaufenden Strom der Kreisfrequenz ω und unter der Annahme

$$a \ll b \qquad (5.92)$$

(dünne Bleche) folgt

$$\underline{E}_b = \frac{j\omega}{\nu'\gamma}\, x \underline{B}_{0z}. \qquad (5.93)$$

Die zugehörige Wirbelstromdichte ergibt sich aus dem OHMschen Gesetz [Gl. (1.7)] zu

$$\underline{J}_b = \frac{j\omega}{\nu'\gamma}\, x\, \sigma \underline{B}_{0z}. \qquad (5.94)$$

Schreiben wir das Durchflutungsgesetz [Gl. (3.1)] in der differentiellen Form

$$\mathrm{rot}\, \boldsymbol{H} = \frac{4\pi}{\gamma}\, \boldsymbol{J}, \qquad (5.95)$$

so erhalten wir für einen Punkt im ersten Quadranten (x, $y > 0$), wo $\underline{J}_b = -\underline{J}_y$ ist,

$$\frac{\partial}{\partial z}\underline{H}_x - \frac{\partial}{\partial x}\underline{H}_z = -\frac{4\pi}{\gamma}\underline{J}_b. \tag{5.96}$$

Da die Spule als sehr lang angenommen wurde, verschwindet also die Ableitung nach z, und es bleibt, wenn wir noch Gl. (5.94) verwenden,

$$-\frac{\mathrm{d}\underline{H}_z}{dx} = -\frac{4\pi}{\gamma}\frac{j\omega}{\nu'\gamma}x\sigma\underline{B}_{0z} \tag{5.97}$$

oder nach Integration von x bis a

$$\underline{H}_z(a) - \underline{H}_z(x) = \frac{4\pi}{\gamma}\frac{j\omega}{\nu'\gamma}\sigma\underline{B}_{0z}\left(\frac{a^2}{2} - \frac{x^2}{2}\right). \tag{5.98}$$

$\underline{H}_z(a)$ muß aber Null sein, da an der Oberfläche ($x = a$) das Magnetfeld von keinem Wirbelstrom umflossen wird, also auch keine Korrektion anzubringen ist. Mit Gl. (1.6) folgt für die magnetische Induktion in erster Näherung

$$\underline{B}_{1z}(x) = \underline{B}_{0z}\left\{1 + j\frac{4\pi}{\gamma^2}\mu\mu_v\sigma\omega\left(\frac{x^2}{2} - \frac{a^2}{2}\right)\right\}. \tag{5.99}$$

Wie man leicht zeigt, gilt diese Beziehung, die zunächst nur für Punkte im ersten Quadranten (x, $y > 0$) abgeleitet wurde, im gesamten Blechquerschnitt, so daß der magnetische Fluß der Spule (in erster Näherung)

$$\underline{\Phi} = Kb\int_{-a}^{+a}\underline{B}_{1z}\mathrm{d}x \tag{5.100}$$

wird, wenn K die Zahl der Bleche in der Spule bezeichnet. Setzen wir $\underline{B}_{1z}$ nach Gl. (5.99) ein und integrieren, so folgt

$$\underline{\Phi} = \underline{\Phi}_0 \left(1 - \frac{4\pi}{\gamma^2}\, \mu \mu_v \sigma j \omega\, \frac{a^2}{3}\right), \tag{5.101}$$

wobei $\underline{\Phi}_0$ der magnetische Fluß der Spule ohne Verluste ist. Für die Induktivitäten L und L_0 gilt gemäß Definition [Gl. (3.35)] dieselbe Beziehung, so daß für den Wechselstromwiderstand der Spule

$$\begin{aligned} \underline{Z} &= j\omega L = \\ &= j\omega L_0 + \frac{4\pi}{\gamma^2}\, \mu \mu_v \sigma\, \omega^2\, \frac{a^2}{3}\, L_0 \end{aligned} \tag{5.102}$$

folgt. Das besagt, die Wirbelstromverluste bedingen einen zusätzlichen Verlustwiderstand, der mit dem Quadrat der Frequenz anwächst.

5.4. Skineffekt

Bei hohen Frequenzen nimmt die Stromdichte in einem Leiter mit zunehmender Tiefe unter der Oberfläche stark ab, d. h., der Strom fließt praktisch nur an der Oberfläche, wodurch der effektive Leiterquerschnitt verkleinert wird und damit der ohmsche Verlustwiderstand anwächst.

Zur quantitativen Diskussion dieser Erscheinung (Skineffekt) gehen wir von den beiden MAXWELLschen Gleichungen (1.1) und (1.4) aus, die mit den Materialgleichungen (1.5), (1.6) und (1.7) die Form

$$\operatorname{rot} \boldsymbol{E} = -\frac{\mu \mu_v}{\gamma} \frac{\partial}{\partial t} \boldsymbol{H}, \tag{5.103}$$

$$\operatorname{rot} \boldsymbol{H} = \frac{4\pi}{\gamma} \sigma \boldsymbol{E} + \frac{\varepsilon \varepsilon_v}{\gamma} \frac{\partial}{\partial t} \boldsymbol{E} \tag{5.104}$$

erhalten. Setzen wir eine sinusförmige Zeitabhängigkeit voraus und verwenden die komplexe Darstellung, so folgt

$$\operatorname{rot} \underline{\boldsymbol{E}} = -\frac{\mu \mu_{\mathrm{v}}}{\gamma} j \omega \underline{\boldsymbol{H}}, \tag{5.105}$$

$$\operatorname{rot} \underline{\boldsymbol{H}} = \left(\frac{4\pi}{\gamma} \sigma + \frac{\varepsilon \varepsilon_{\mathrm{v}}}{\gamma} j \omega\right) \underline{\boldsymbol{E}}, \tag{5.106}$$

wobei wir den zweiten Summanden in Gl. (5.106) gegen den ersten für Metalle und die in der Hochfrequenz- und Mikrowellentechnik vorkommenden Frequenzen vernachlässigen können. Lösen wir Gl. (5.105) nach $\underline{\boldsymbol{H}}$ auf und setzen in Gl. (5.106) ein, so ergibt sich

$$\operatorname{rot} \operatorname{rot} \underline{\boldsymbol{E}} = -\frac{\mu \mu_{\mathrm{v}} \cdot 4 \pi \sigma}{\gamma^2} j \omega \underline{\boldsymbol{E}}. \tag{5.107}$$

Die doppelte Anwendung des Operators rot auf einen Vektor $\boldsymbol{v}$ ist bekanntlich identisch mit dem Ausdruck $\operatorname{grad} \operatorname{div} \boldsymbol{v} - \Delta \boldsymbol{v}$, so daß in unserem Fall auf Grund der Tatsache, daß in einem Leiter keine freien Raumladungen existieren können ($\varrho = 0$), d. h.

$$\operatorname{div} \underline{\boldsymbol{E}} = 0 \tag{5.108}$$

[vgl. Gl. (1.2)] und damit

$$\operatorname{rotrot} \underline{\boldsymbol{E}} = -\Delta \underline{\boldsymbol{E}} \tag{5.109}$$

gilt, Gl. (5.107) die einfache Form

$$\Delta \underline{\boldsymbol{E}} = \frac{\mu \mu_{\mathrm{v}} \cdot 4 \pi \sigma}{\gamma^2} j \omega \underline{\boldsymbol{E}} \tag{5.110}$$

oder auf Grund des Ohmschen Gesetzes [Gl. (1.7)]

$$\Delta \underline{\boldsymbol{J}} = \frac{\mu \mu_{\mathrm{v}} \cdot 4 \pi \sigma}{\gamma^2} j \omega \underline{\boldsymbol{J}} \tag{5.111}$$

annimmt. Diese Differentialgleichung wollen wir nur für den eindimensionalen Fall lösen, d. h. beispielsweise für einen Leiter, der sich in z-Richtung erstreckt und dessen Dicke (und Krümmungsradius) groß gegen die Eindringtiefe (s. unten) ist. $\boldsymbol{J}$ besitzt also nur eine z-Komponente, die allein von der x-Koordinate abhängt (vgl. Abb. 5.10).

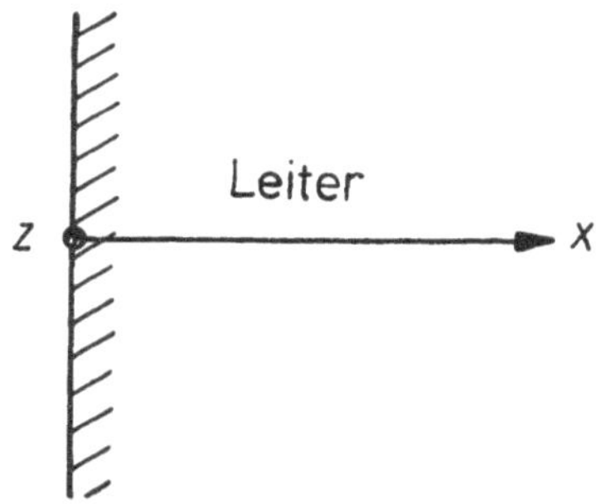

Abb. 5.10. Zum Skineffekt (eindimensionales Problem)

Aus Gl. (5.111) wird also

$$\frac{\mathrm{d}^2 \underline{J}_z}{\mathrm{d}x^2} = \frac{\mu \mu_V \cdot 4\pi\sigma}{\gamma^2} j\omega \underline{J}_z \tag{5.112}$$

mit der Lösung

$$\underline{J}_z = \underline{J}_z(0) \exp\left(\underset{(+)}{-} \sqrt{\frac{4\pi\sigma\mu\mu_V}{\gamma^2} j\omega}\, x\right) = $$

$$= \underline{J}_z(0) \exp\left(\underset{(+)}{-} \frac{1+j}{\delta_S}\, x\right), \tag{5.113}$$

wobei

$$\delta_S = \sqrt{\frac{\gamma^2}{2\pi\mu\mu_V\sigma\omega}} \tag{5.114}$$

die sogenannte Eindringtiefe darstellt. Schreiben wir noch die Zeitabhängigkeit mit auf, so folgt schließlich

$$J_z(x,t) = \operatorname{Re}\left\{\check{J}_z(0)\exp\left[-\frac{x}{\delta_S} + j\left(\omega t - \frac{x}{\delta_S}\right)\right]\right\}, \quad (5.115)$$

und es ergeben sich, wie man leicht nachprüfen kann, analoge Beziehungen auch für die elektrische und die magnetische Feldstärke.

Die durch Gl. (5.114) definierte Eindringtiefe besitzt die folgenden Eigenschaften:

1. Sie ist diejenige Tiefe, in der die Amplitude des Stromes auf den e-ten Teil (etwa 37%) abgesunken ist.

2. Sie ist diejenige Tiefe, in der die Phase des Stromes gerade um den Winkel 1 (etwa 57°) gedreht ist.

3. Sie ist diejenige Dicke, die ein Ersatzleiter haben müßte, der ohne Skineffekt denselben Widerstand besitzt wie der betrachtete Leiter mit Skineffekt.

Die ersten beiden Eigenschaften können unmittelbar aus Gl. (5.115) abgelesen werden, während die letztgenannte aus der Beziehung

$$\check{J}_z(0)\, x_{\text{ers}} = \int_0^\infty \check{J}_z(x)\,\mathrm{d}x = \check{J}_z(0)\int_0^\infty \exp\left(-\frac{x}{\delta_S}\right)\mathrm{d}x =$$
$$= \check{J}_z(0)\,\delta_S \quad (5.116)$$

folgt.

Setzt man Zahlenwerte in die Gleichung (5.114) ein, so ergibt sich beispielsweise für Kupfer (mit $\sigma^{-1} \approx 0{,}016 \times \times 10^{-6}\,\Omega\,\text{m}$)

$$\delta_S \approx 3{,}7 \cdot 10^{-6}\,\sqrt{\lambda}\ [\text{m}], \quad (5.117)$$

wobei die Wellenlänge des Wechselstromes (λ) in m einzusetzen ist.

Wie schon erwähnt, gilt die Lösung (5.115) nur für den Fall, daß die Eindringtiefe δ_s klein gegen den Krümmungsradius des Leiters ist.

Das Verhältnis aus tatsächlichem Wirkwiderstand $R_\sim$ zum Gleichstromwiderstand R_0 bei einem zylindrischen Leiter mit dem Radius r zeigt Abb. 5.11 (Lösung der Gl. (5.111) mit Zylinderfunktionen, vgl. z. B. [S 1]).

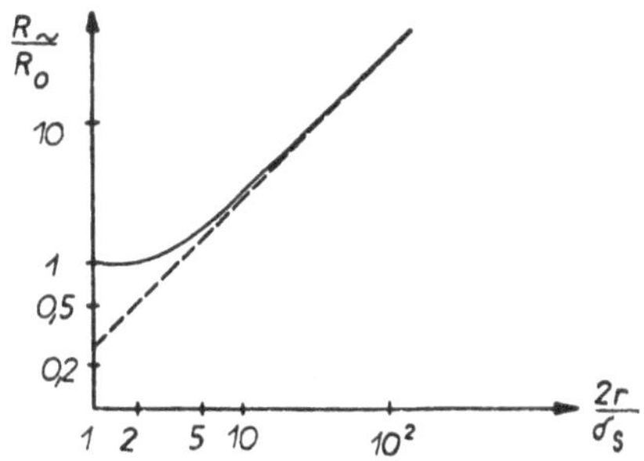

Abb. 5.11. Quotient aus Wirkwiderstand $R_\sim$ und Gleichstromwiderstand R_0 bei einem zylindrischen Leiter als Funktion von $2r/\delta_S$
r Radius des Leiters; δ_S Eindringtiefe nach Gl. (5.114)

Man sieht insbesondere, daß für $2r/\delta_S \gtrapprox 5$ das Resultat der ebenen Behandlung

$$\frac{R_\sim}{R_0} = \frac{\pi r^2}{2\pi r \delta_S} = \frac{2r}{4\delta_S} \tag{5.118}$$

eine gute Näherung darstellt.

6. Schaltungen aus Widerständen, Kondensatoren und Spulen

6.1. Relaxations- und Übertragungsfunktion von Vierpolen

Wir setzen voraus, daß für die betrachteten Vierpole[1]) eine Relaxationsfunktion r definiert werden kann, d. h., wenn die Eingangsspannung von $t = -\infty$ bis $t = t'$

[1]) Zum Begriff des Vierpols vgl. Teil III, S. 23.

konstant gleich U_1 ist und zur Zeit $t = t'$ abgeschaltet wird, besitzt die Ausgangsspannung für $t \geqq t'$ den zeitlichen Verlauf

$$U_2(t) = r(t - t')\, U_1 . \tag{6.1}$$

Außerdem fordern wir, daß (bei endlichem U_1) das Zeitintegral der Ausgangsspannung absolut konvergiert, d. h., daß

$$\int_{t'}^{\infty} |U_2(t)|\, \mathrm{d}t < \infty \tag{6.2}$$

gilt.

Bei Vierpolen, für die beispielsweise $U_2(\infty)$ von Null verschieden ist, welche aber einen *endlichen* Wert (U_∞) besitzen, kann man gegebenenfalls die Bedingung (6.2) einfach dadurch erfüllen, daß man an Stelle von $U_2(t)$ die Größe $U_2(t) - U_\infty$ als eigentliche Ausgangsspannung betrachtet. Da r keine Funktion von U_1 ist und nur von der Differenz $t - t'$ abhängt und außerdem die Ungleichung (6.2) erfüllt sein soll, beschränken wir also unsere Betrachtungen auf lineare, stationäre und stabile Systeme.

Wie im Abschnitt 5.2. gezeigt wurde, erhält man aus Gl. (6.1) für eine beliebige Zeitabhängigkeit der Eingangsspannung $U_1(t)$

$$U_2(t) = r(0)\, U_1(t) - \int_{-\infty}^{t} r(t - t')\, \frac{\mathrm{d}\, U_1(t')}{\mathrm{d}t'}\, \mathrm{d}t' \tag{6.3}$$

(DUHAMELsches Integral), so daß sich insbesondere für

$$U_1 = \mathrm{Re}\, \{\check{U}_1 \exp(pt)\}, \tag{6.4}$$

wobei p beliebig komplex sein kann,

$$U_2 = \mathrm{Re}\left\{\left(r(0) - p \int_0^\infty r(s) \exp(-ps)\, \mathrm{d}s\right) \check{U}_1 \exp(pt)\right\} =$$

$$= \mathrm{Re}\, \{\underline{Y}(p)\, \check{U}_1 \exp(pt)\} \tag{6.5}$$

ergibt mit [beachte $r(\infty) = 0$]

$$\underline{Y}(p) = r(0) - p \int_0^\infty r(s) \exp(-ps)\, \mathrm{d}s =$$

$$= \int_0^\infty \left(-\frac{\mathrm{d}r(s)}{\mathrm{d}s}\right) \exp(-ps)\, \mathrm{d}s. \tag{6.6}$$

$\underline{Y}(p)$ wird als allgemeine Übertragungsfunktion des Vierpols bezeichnet und stellt gemäß Gl. (6.6) die LAPLACE-Transformierte der negativen Ableitung der Relaxationsfunktion dar.

Auf Grund der Stabilitätsbedingung des Systems, die [vgl. (6.2)] auch in der Form

$$\int_{t'}^\infty |r(t-t')|\, \mathrm{d}t = \int_0^\infty |r(s)|\, \mathrm{d}s < \infty \tag{6.7}$$

geschrieben werden kann, folgt aus Gl. (6.6), daß die allgemeine Übertragungsfunktion $\underline{Y}(p)$ in der rechten p-Halbebene [d. h. für $\mathrm{Re}\{p\} > 0$] keine Polstellen besitzen darf. In der linken p-Halbebene dagegen kann $\underline{Y}(p)$ durchaus Polstellen aufweisen. Nehmen wir an, daß p rein imaginär, also

$$p = j\omega \tag{6.8}$$

ist, so lautet Gl. (6.5)

$$U_2 = \mathrm{Re}\{\underline{Y}(j\omega)\, \check{U}_1 \exp(j\omega t)\}, \tag{6.9}$$

woraus man erkennt, daß $\underline{Y}(j\omega)$ die gewöhnliche Übertragungsfunktion $\underline{Y}$ der komplexen Wechselstromrechnung (vgl. Abschnitt 1.2.) ist. Ersetzt man in Gl. (6.6) p durch $j\omega$, so erhält man eine Beziehung, mit der man die gewöhnliche Übertragungsfunktion der komplexen Wechselstromrechnung eindeutig aus der Relaxationsfunktion bestimmen kann. Andererseits folgt aus dieser Beziehung aber auch, daß der Real- und Imaginärteil von $\underline{Y}$ nicht unabhängig voneinander sein können. Schreiben wir nämlich

$$\underline{Y} = Y'(\omega) - j\,Y''(\omega), \tag{6.10}$$

so liefert eine kurze Rechnung [vgl. Gln. (5.38)ff. mit $\mu_\mathrm{v}\chi_\mathrm{m} = \underline{Y}$]

$$Y''(\omega) = -\frac{1}{\pi}\,\mathsf{C}\int_{-\infty}^{+\infty}\frac{Y'(\omega') - Y_\infty}{\omega' - \omega}\,\mathrm{d}\omega' \tag{6.11}$$

$$Y'(\omega) - Y_\infty = \frac{1}{\pi}\,\mathsf{C}\int_{-\infty}^{+\infty}\frac{Y''(\omega')}{\omega' - \omega}\,\mathrm{d}\omega', \tag{6.12}$$

wobei $Y_\infty = Y(\omega = \infty)$ ist und C den CAUCHYschen Hauptwert des Integrals bezeichnet [vgl. Gl. (5.45)]. Realteil und Imaginärteil der Übertragungsfunktion $\underline{Y}$ bestimmen sich also gegenseitig. Da $\underline{Y}$ auch in der Form

$$\underline{Y} = |\underline{Y}|\exp(j\varphi) = \exp(-a + j\varphi) \tag{6.13}$$

mit

$$\left.\begin{aligned} \exp(-a) &= |\underline{Y}| = \sqrt{(Y')^2 + (Y'')^2},\\ \tan\varphi &= -\frac{Y''(\omega)}{Y'(\omega)} \end{aligned}\right\} \tag{6.14}$$

geschrieben werden kann, sind also Dämpfung (a) und Phase (φ) der Übertragungsfunktion im allgemeinen ebenfalls nicht frei wählbar. Ein eindeutiger Zusammenhang, analog zu den Gleichungen (6.11) und (6.12), in denen Y'' durch φ und Y' durch $-a$ ersetzt wird, existiert aber nur für die sogenannten „Vierpole minimaler Phase", bei denen $\underline{Y}(p)$ in der rechten Halbebene auch keine Nullstellen besitzt ([W 3], [B 2]). Die Notwendigkeit dieser zusätzlichen Bedingung erkennt man sofort aus der Beziehung $-a + j\varphi = \ln \underline{Y}$ [vgl. Gl. (6.13)], da einer Nullstelle von $\underline{Y}$ ein Pol von $-a + j\varphi$ entspricht.

Für einen Vierpol, der aus endlich vielen Schaltelementen (Widerständen, Spulen, Kondensatoren) besteht, ist $\underline{Y}$ eine rationale Funktion von ω (vgl. Abschnitt 1.2.), und damit muß auch die allgemeine Übertragungsfunktion $\underline{Y}(p)$ eine rationale Funktion von p sein. Eine rationale Funktion ist andererseits durch ihre Nullstellen und Pole bis auf einen konstanten Faktor gegeben, so daß die Übertragungseigenschaften des Vierpols eindeutig durch die Anzahl und Lage der Pole und Nullstellen von $\underline{Y}(p)$ bestimmt werden. Die Anzahl stellt ein Maß für den Aufwand bei der Realisierung des Vierpols dar, d. h. für die Zahl der erforderlichen Schaltelemente. Auf die damit zusammenhängenden Probleme („Netzwerksynthese") können wir hier jedoch nicht näher eingehen (vgl. [W 3]). Der Vollständigkeit halber sei aber noch (ohne Beweis) erwähnt, daß eine Übertragungsfunktion $\underline{Y}$ physikalisch nur realisierbar ist, wenn sie das sogenannte Wiener-Paley-Kriterium

$$|\underline{Y}(j\omega)|^2 = \text{integrierbar},$$

$$\int\limits_0^\infty \frac{|\ln|\underline{Y}(j\omega)||}{1 + \omega^2} \, d\omega < \infty$$

erfüllt. Dies bedeutet insbesondere, daß der Betrag von $\underline{Y}$ bei hohen Frequenzen (infolge der unvermeidbaren Verluste!) verschwinden muß.

Als einfaches Beispiel für die Anwendung der in diesem Abschnitt diskutierten allgemeinen Beziehungen betrachten wir die Schaltung von Abb. 6.1, in der die Gleichströme und Gleichspannungen weggelassen wurden und S die Steilheit der Röhre bedeutet.

Die Übertragungsfunktion $\underline{Y}$ ergibt sich auf Grund der komplexen Wechselstromrechnung zu

$$\underline{Y} = -S \frac{R \dfrac{1}{j\omega C}}{R + \dfrac{1}{j\omega C}} = -\frac{S}{C} \frac{\dfrac{1}{RC} - j\omega}{\omega^2 + \left(\dfrac{1}{RC}\right)^2}, \tag{6.15}$$

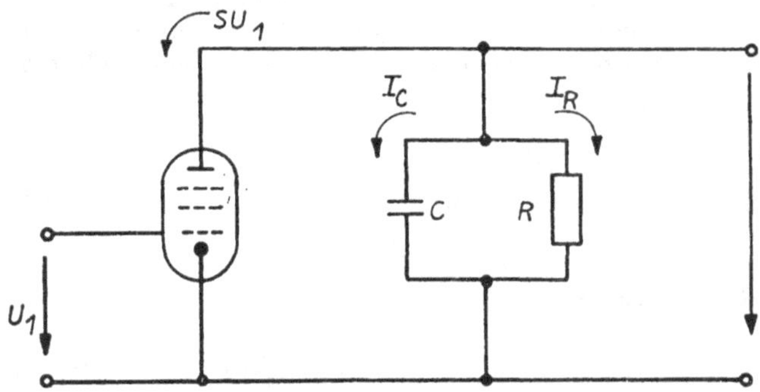

Abb. 6.1. Einfacher Vierpol (RC-Pentodenverstärker)
Die Gleichspannungen und Gleichströme sind weggelassen

woraus man die allgemeine Übertragungsfunktion sofort erhält, indem man $j\omega$ durch p ersetzt:

$$\underline{Y}(p) = -\frac{S}{C} \frac{1}{p + (RC)^{-1}}. \tag{6.16}$$

Für eine Eingangsspannung der Form

$$U_1 = \check{U}_1 \exp(-\delta t) \cos \omega t = \\ = \operatorname{Re}\{\check{U}_1 \exp((-\delta + j\omega)t)\} \tag{6.17}$$

folgt also $p = -\delta + j\omega$ und damit

$$U_2 = \mathrm{Re}\left\{-\frac{S}{C}\,\check{U}_1\,\frac{\exp((-\delta + j\omega)t)}{(-\delta + j\omega) + (RC)^{-1}}\right\} =$$
$$= -\frac{\check{S}}{C}\,\frac{U_1 \exp(-\delta t)}{\omega^2 + ((RC)^{-1} - \delta)^2} \times$$
$$\times\Big(\big((RC)^{-1} - \delta\big)\cos\omega t + \omega \sin\omega t\Big). \tag{6.18}$$

Nehmen wir an, daß die Eingangsspannung von $t = -\infty$ bis $t = 0$ den konstanten Wert U_1 besitzt und zur Zeit $t = 0$ abgeschaltet wird, so folgt für $t \geqq 0$ (vgl. Abb. 6.1)

$$\left.\begin{aligned} R I_R - \int_0^t \frac{I_C}{C}\,\mathrm{d}t = 0, \\ I_R = -I_C \end{aligned}\right\} \tag{6.19}$$

mit der Lösung

$$I_R = -S U_1 \exp\left(-\frac{t}{RC}\right), \tag{6.20}$$

und die Relaxationsfunktion ergibt sich zu

$$r(t) = \frac{R I_R}{U_1} =$$
$$= -SR\exp\left(-\frac{t}{RC}\right). \tag{6.21}$$

Aufgabe:

Prüfung der Beziehung zwischen Relaxationsfunktion und Übertragungsfunktion, Prüfung der KRONIG-KRAMERSschen Relationen.

Die experimentelle Bestimmung der gewöhnlichen Übertragungsfunktion $\underline{Y}$ erfolgt am einfachsten direkt mit sinusförmiger Eingangsspannung und Messung des Spannungsverhältnisses nach Betrag (Röhrenvoltmeter) und Phase (LISSAJOUS-Figuren).

Demgegenüber verwendet man im allgemeinen für die Bestimmung der Relaxationsfunktion ein indirektes Verfahren, indem man die Zeitabhängigkeit der Ausgangsspannung nach einem kurzen negativen Eingangsimpuls mißt und die so gefundene Zeitfunktion integriert.

Die Gleichung (6.3) ergibt nämlich nach partieller Integration [mit $r(\infty) = 0$]

$$U_2(t) = \int_{-\infty}^{t} \frac{\mathrm{d}r(t-t')}{\mathrm{d}t'} U_1(t')\mathrm{d}t' =$$

$$= -\int_{-\infty}^{t} \frac{\mathrm{d}r(t-t')}{\mathrm{d}t} U_1(t')\mathrm{d}t' \qquad (6.22)$$

und für $U_1(t') = -c \cdot \delta(t')$, wobei $\delta(t')$ die DIRACsche Deltafunktion ist,

$$U_2(t) = c\,\frac{\mathrm{d}r(t)}{\mathrm{d}t}. \qquad (6.23)$$

Zusammengefaßt hat man also folgende Möglichkeiten, die Ausgangsspannung eines linearen, stationären, stabilen Vierpols für eine vorgegebene Eingangsspannung $U_1(t)$ zu berechnen:

1. unmittelbar mit Hilfe der Relaxationsfunktion [vgl. Gl. (6.3)] oder ihrer Ableitung [vgl. Gl. (6.22)],
2. durch FOURIER-Zerlegung der Eingangsspannung (sofern dies möglich ist, vgl. Abschnitt 1.3.), Berechnung der Ausgangsspannung für jede einzelne FOURIER-Komponente nach Gl. (6.9) und Rücktransformation [wird dabei die komplexe Schreibweise der FOURIER-Zerlegung gewählt, so muß $\underline{Y}(-j\omega) = \underline{Y}^*(j\omega)$ gesetzt werden, vgl. Gl. (1.40) ff.],

3. durch LAPLACE-Transformation [sofern $U_1(t)$ für $t \leqq 0$ verschwindet] und Verwendung der allgemeinen Übertragungsfunktion; aus Gl. (6.22) folgt nämlich

$$\mathscr{L}\{U_2(t)\} = \mathscr{L}\left\{\int_0^t \left(-\frac{\mathrm{d}r(t-t')}{\mathrm{d}t}\right) U_1(t')\,\mathrm{d}t'\right\} \tag{6.24}$$

oder auf Grund des Faltungssatzes (vgl. S. 47)

$$\mathscr{L}\{U_2(t)\} = \mathscr{L}\left\{-\frac{\mathrm{d}r(t)}{\mathrm{d}t}\right\} \cdot \mathscr{L}\{U_1(t)\} \tag{6.25}$$

und wegen Gl. (6.6)

$$\mathscr{L}\{U_2(t)\} = \underline{Y}(p)\,\mathscr{L}\{U_1(t)\}. \tag{6.26}$$

Man erhält also die LAPLACE-Transformierte der Ausgangsspannung einfach dadurch, daß man die LAPLACE-Transformierte der Eingangsspannung mit der allgemeinen Übertragungsfunktion $\underline{Y}(p)$ multipliziert.

6.2. Schwingkreis

Wir legen das in Abb. 6.2 gezeigte Schaltbild zugrunde, in dem R_S die Gesamtverluste darstellen soll. Bezeichnen

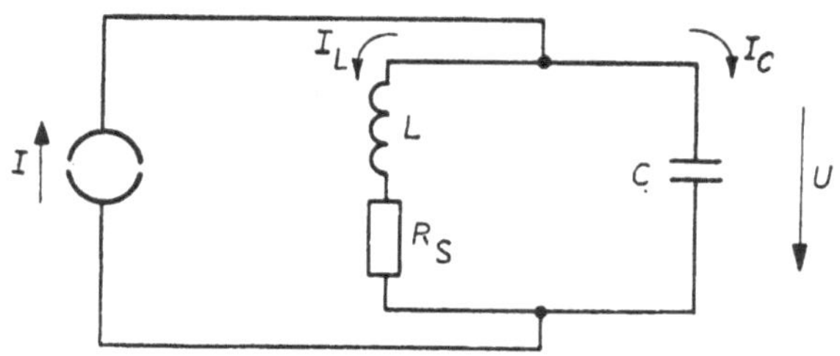

Abb. 6.2. Parallelschwingkreis mit konstanter Einströmung

wir mit $I = \check{I} \cos \omega t$ die konstante Einströmung (d. h., $\check{I}$ ist unabhängig von den Schwingkreisdaten), so folgt in komplexer Schreibweise zunächst

$$\left.\begin{aligned} \underline{I} &= \underline{I}_L + \underline{I}_C, \\ \underline{I}_L(j\omega L + R_S) &= \frac{\underline{I}_C}{j\omega C} \end{aligned}\right\} \tag{6.27}$$

und daraus

$$\underline{I}_L = \frac{\dfrac{\underline{I}}{j\omega C}}{R_S + j\left(\omega L - \dfrac{1}{\omega C}\right)}. \tag{6.28}$$

Führen wir unter Verwendung von $\omega_0 = (LC)^{-1/2}$ die sogenannte Verstimmung

$$v = \frac{\omega}{\omega_0} - \frac{\omega_0}{\omega} \approx \frac{2(\omega - \omega_0)}{\omega_0} \tag{6.29}$$

ein und beachten, daß sich die Güte des Schwingkreises gemäß der allgemeinen Definition (vgl. S. 125) zu

$$Q = \frac{\omega_0 L}{R_S} \tag{6.30}$$

ergibt, so folgt

$$\underline{I}_L = -\frac{j\underline{I}\,\omega_0/\omega}{\dfrac{1}{Q} + jv} \tag{6.31}$$

und für die Spannung (vgl. Abb. 6.2)

$$\begin{aligned} \underline{U} &= (R_S + j\omega L)\,\underline{I}_L \approx \\ &\approx \frac{\underline{I}\,\omega_0 L}{\dfrac{1}{Q} + j\cdot 2\,\dfrac{\omega - \omega_0}{\omega_0}}, \end{aligned} \tag{6.32}$$

wobei wir

$$\left.\begin{aligned} |\,\omega_0 - \omega\,| &\ll \omega_0, \\ 1 &\ll Q \end{aligned}\right\} \qquad (6.33)$$

vorausgesetzt haben.

Die Amplitude der Spannung wird also durch die Funktion

$$\check{U} = |\,\underline{U}\,| = \check{I}\,\frac{\omega_0 L Q}{\sqrt{1 + \left[\frac{2\,Q}{\omega_0}\,(\omega - \omega_0)\right]^2}} \qquad (6.34)$$

gegeben, deren Quadrat man als LORENTZ-Kurve bezeichnet, während sich die Phase φ, die durch

$$\underline{U} = \check{U} \exp j\varphi \qquad (6.35)$$

definiert ist, zu

$$\varphi = \operatorname{arc\,tan}\left(-2\,\frac{\omega - \omega_0}{\omega_0}\,Q\right) \qquad (6.36)$$

ergibt. Der Verlauf der beiden Funktionen (6.34) und (6.36) ist in Abb. 6.3 dargestellt. Wie man leicht ableitet,

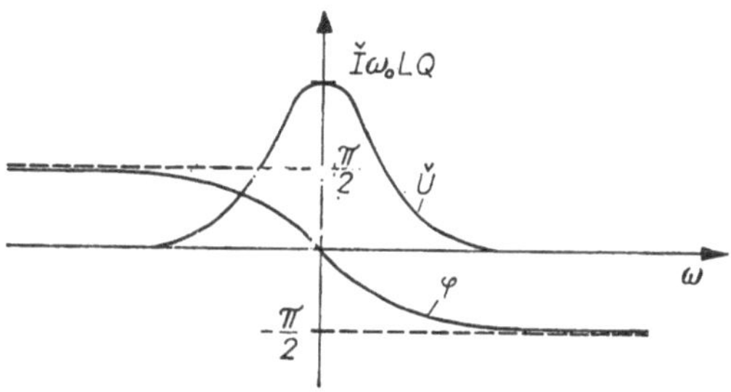

Abb. 6.3. Betrag und Phase der Spannung als Funktion der Frequenz für die Schaltung von Abb. 6.2

ergibt sich für den Resonanzwiderstand

$$R_{res} = \left(\frac{\underline{U}}{\underline{I}}\right)_{\omega=\omega_0} = Q\,\omega_0\,L \tag{6.37}$$

und für die sogenannte Bandbreite

$$B = \frac{f_0}{Q}, \tag{6.38}$$

wobei f_0 die Resonanzfrequenz ($\omega_0/2\pi$) und B den Frequenzabstand zwischen den Punkten der Kurve bezeichnet, für die der Betrag von U auf das $1/\sqrt{2} \approx 0{,}7$fache des Resonanzwertes abgesunken ist. Der reziproke Wert der Linienbreite, für die der Betrag von U nur noch 1% des Resonanzwertes beträgt, wird oft als Selektivität s bezeichnet, und zwar erhält man aus Gl. (6.34)

$$s = \frac{Q}{100 f_0}. \tag{6.39}$$

Schaltet man mehrere (N) Schwingkreise hintereinander und vermeidet durch Zwischenschaltung von Röhren eine Rückwirkung aufeinanderfolgender Kreise, so ergibt sich für die resultierende Spannung $U_N = U^N$ und damit insbesondere für die Bandbreite

$$B = \frac{f_0}{Q}\sqrt{\sqrt[N]{2} - 1} \tag{6.40}$$

und für die Selektivität

$$s = \frac{Q}{\sqrt[N]{100}\,f_0}, \tag{6.41}$$

d. h. eine Verringerung der Bandbreite und eine Erhöhung der Selektivität gegenüber dem Einzelkreis.

Das Einschwingverhalten des Resonanzkreises berechnen wir mit Hilfe der LAPLACE-Transformation, und zwar für den Fall, daß

$$I(t) = \begin{cases} 0 & \text{für} \quad t < 0, \\ I & \phantom{\text{für}} \quad t > 0, \end{cases} \tag{6.42}$$

d. h. (vgl. Tab. 1.6, Nr. 1, S. 48)

$$I(p) = \frac{I}{p} \tag{6.43}$$

ist. Dann folgt aus Gl. (6.32)

$$U(p) = (R_\mathrm{S} + pL)\,\frac{I\omega_0}{p^2}\left(\frac{1}{Q} + \frac{p}{\omega_0} + \frac{\omega_0}{p}\right)^{-1} = \\ = \frac{\left(\frac{R_\mathrm{S}}{p} + L\right) I\omega_0}{\omega_0 + \frac{p}{Q} + \frac{p^2}{\omega_0}} \tag{6.44}$$

oder (vgl. Tab. 1.6, Nr. 17 und Nr. 11)

$$U(t) = IR_\mathrm{S}\left[1 - \left(\cos\omega_Q t + \frac{\omega_0}{2Q\,\omega_Q}\sin\omega_Q t\right) \mathrm{e}^{-\frac{\omega_0}{2Q}t}\right] + \\ + IL\,\frac{\omega_0^2}{\omega_Q}\,\mathrm{e}^{-\frac{\omega_0}{2Q}t}\sin\omega_Q t \tag{6.45}$$

mit

$$\omega_Q = \sqrt{\omega_0^2 - \left(\frac{\omega_0}{2Q}\right)^2}.$$

Unter der Voraussetzung $Q \gg 1$ erhalten wir daraus schließlich

$$U(t) = I\omega_0 L\left(\mathrm{e}^{-\frac{\omega_0}{2Q}t}\sin\omega_0 t + \frac{1}{Q}\left(1 - \mathrm{e}^{-\frac{\omega_0}{2Q}t}\cos\omega_0 t\right)\right), \tag{6.46}$$

d. h. abgesehen vom stationären Wert ($I R_S$) eine gedämpfte Sinusschwingung. Die Kreisfrequenz stimmt unter der Voraussetzung $Q \gg 1$ mit der Resonanzfrequenz des Kreises überein, und die Zeitkonstante der Dämpfung, also die Zeit, in der die Amplitude auf den e-ten Teil des Anfangswertes abgesunken ist, ergibt sich aus der Güte und Resonanzfrequenz des Kreises zu

$$t_e = \frac{2Q}{\omega_0}, \tag{6.47}$$

oder, wenn wir die Bandbreite nach Gl. (6.38) einführen,

$$t_e = \frac{1}{\pi B}. \tag{6.48}$$

6.3. *Bandfilter*

Unter Bandfilter versteht man zwei oder mehrere wechselseitig gekoppelte Schwingkreise. Wir betrachten im folgenden nur die induktive Kopplung, da für die anderen Kopplungsarten (galvanisch, kapazitiv, gemischt) die Behandlung analog durchgeführt werden kann.

Auf Grund des Ersatzschaltbildes (Abb. 6.4) erhalten wir unter Beachtung der KIRCHHOFFschen Gleichungen

$$\underline{I} = \underline{I}_{C1} + \underline{I}_1, \tag{6.49}$$

$$(R_{S1} + j\omega L_1)\,\underline{I}_1 - j\omega L_{12}\,\underline{I}_2 - \frac{1}{j\omega C_1}\,\underline{I}_{C1} = 0, \tag{6.50}$$

$$(R_{S2} + j\omega L_2)\,\underline{I}_2 - j\omega L_{12}\,\underline{I}_1 + \frac{1}{j\omega C_2}\,\underline{I}_2 = 0 \tag{6.51}$$

oder, wenn wir der Einfachheit halber

$$R_{S1} = R_{S2} = R_S; \quad L_1 = L_2 = L; \quad C_1 = C_2 = C \tag{6.52}$$

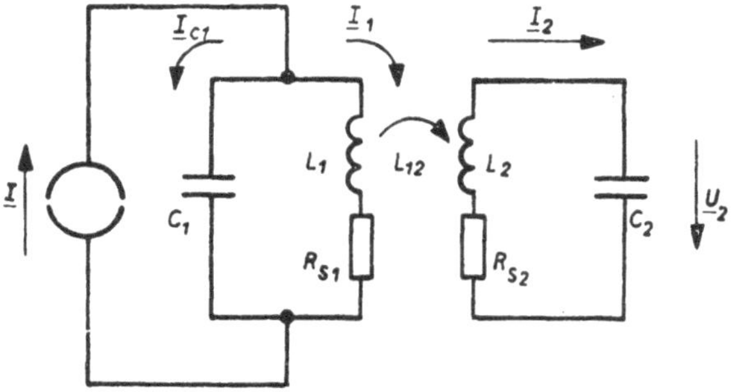

Abb. 6.4. Bandfilter mit induktiver Kopplung

setzen und gemäß den Gleichungen (6.29) und (6.30) die Verstimmung v und die Güte Q (des ungekoppelten Einzelkreises!) einführen, so folgen mit dem sogenannten Kopplungsfaktor

$$k = \frac{L_{12}}{\sqrt{L_1 L_2}} = \frac{L_{12}}{L} \tag{6.53}$$

die Beziehungen

$$\underline{I}_1 \left(\frac{1}{Q} + jv\right) - \underline{I}_2 jk \frac{\omega}{\omega_0} = -j\underline{I} \frac{\omega}{\omega_0}, \tag{6.54}$$

$$\underline{I}_2 \left(\frac{1}{Q} + jv\right) - \underline{I}_1 jk \frac{\omega}{\omega_0} = 0. \tag{6.55}$$

Wir lösen die zweite Gleichung nach $\underline{I}_1$ auf und setzen in die erste Gleichung ein. Dann ergibt sich

$$\underline{I}_2 = \frac{\underline{I}\,k}{\left(\frac{1}{Q} + jv\right)^2 + k^2 \frac{\omega^2}{\omega_0^2}} \tag{6.56}$$

und damit für die Ausgangsspannung

$$\underline{U}_2 = \frac{\underline{I}_2}{j\omega C} = \frac{\underline{I}k}{\omega C} \frac{\exp(j\varphi)}{\sqrt{\left(\frac{2v}{Q}\right)^2 + \left(k^2 \frac{\omega^2}{\omega_0^2} + \frac{1}{Q^2} - v^2\right)^2}} \quad (6.57)$$

mit

$$\varphi = \arc\tan \left(\frac{k^2 \frac{\omega^2}{\omega_0^2} + \frac{1}{Q^2} - v^2}{\frac{2v}{Q}} \right). \quad (6.58)$$

In Resonanznähe ($|\omega - \omega_0| \ll \omega_0$) und unter der Voraussetzung $k \ll 1$ können wir bei diesen Gleichungen $\omega = \omega_0$ (außer in v selbst) setzen, so daß sich die folgende Diskussion wesentlich vereinfacht:

Wie zu erwarten war, hängt die Form der Resonanzkurve vom Kopplungsfaktor k ab, und zwar erhält man für $k\,Q < 1$ (unterkritische Kopplung) eine einfache Resonanzkurve mit nur einem Maximum, während für $k\,Q > 1$ (überkritische Kopplung) zwei Maxima auftreten. Zum Beweis differenzieren wir $|\underline{U}_2|$ nach v und setzen das Resultat gleich Null. Dann ergibt sich [vgl. Gl. (6.57)]

$$0 = \left(k^2 + \frac{1}{Q^2} - v^2\right)(-v) + \frac{2v}{Q^2}. \quad (6.59)$$

Diese Gleichung wird gelöst durch

$$v = 0 \quad (6.60)$$

und durch

$$v = \pm \sqrt{k^2 - 1/Q^2}. \quad (6.61)$$

Für $Qk < 1$ erhalten wir also nur eine Lösung, während für $Qk > 1$ drei Lösungen auftreten.

Aus Gl. (6.57) ergibt sich, daß $|\underline{U}_2|$ im Resonanzfall ($v = 0$) den Wert

$$|\underline{U}_{2(v=0)}| = \frac{|\underline{I}|Q}{\omega_0 C} \frac{Qk}{(Qk)^2 + 1} \tag{6.62}$$

und für $v = \pm \sqrt{k^2 - Q^{-2}}$ den Wert

$$|\underline{U}_{2H}| = \frac{|\underline{I}|\,Q}{2\,\omega_0 C} \tag{6.63}$$

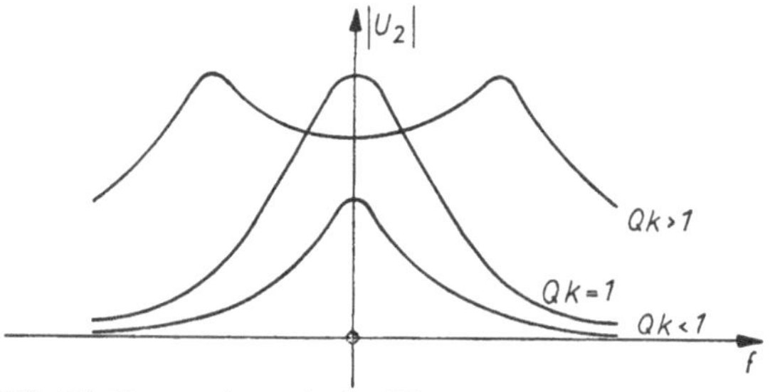

Abb. 6.5. Resonanzkurve des in Abb. 6.4 dargestellten Bandfilters

besitzt, d. h., für $Qk > 1$ treten zwei Höcker auf (vgl. Abb. 6.5), deren Überhöhung

$$\frac{|\underline{U}_{2H}|}{|\underline{U}_{2(v=0)}|} = \frac{(Qk)^2 + 1}{2Qk} \tag{6.64}$$

mit stärkerer Kopplung anwächst. Besonderes Interesse verdient die durch

$$kQ = 1 \tag{6.65}$$

definierte kritische Kopplung, da hier gerade noch keine Einsattelung vorliegt. Die Bandbreite in diesem Fall ergibt sich aus Gl. (6.57) entsprechend der Definition

$$\frac{|\underline{U}_{2(v=v_B)}|}{|\underline{U}_{2(v=0)}|} = \frac{1}{\sqrt{2}}, \tag{6.66}$$

wobei [vgl. Gl. (6.29)]

$$v_B \approx \frac{B}{f_0} \tag{6.67}$$

ist, zu

$$B = \frac{f_0}{Q} \sqrt{2} \tag{6.68}$$

und die Selektivität (vgl. S. 159) analog zu

$$s = \frac{Q}{10 \sqrt{2}\, f_0}. \tag{6.69}$$

Im Vergleich zum einfachen Schwingkreis besitzt das Bandfilter also sowohl eine größere Bandbreite (Faktor $\sqrt{2}$) als auch eine größere Selektivität (Faktor $10/\sqrt{2}$), d. h., die Resonanzkurve nähert sich mehr der Kastenform.

Die Frequenzabhängigkeit des Phasenwinkels gemäß Gl. (6.58) ist in Abb. 6.6 qualitativ für verschiedene

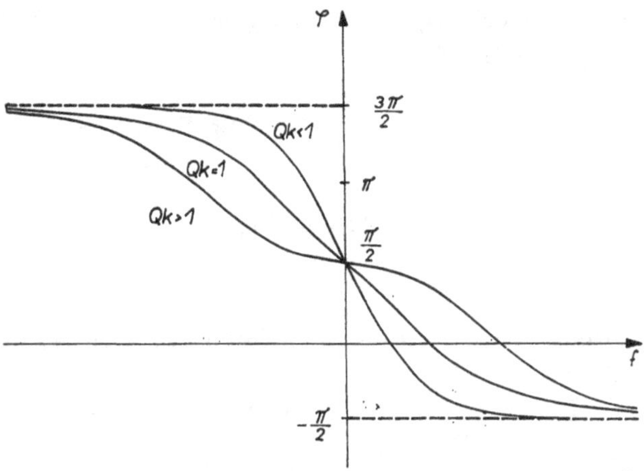

Abb. 6.6. Phasenwinkel der Ausgangsspannung des in Abb. 6.4 dargestellten Bandfilters

Kopplungsfaktoren dargestellt. Man erkennt insbesondere, daß im Gegensatz zum einfachen Schwingkreis die Phasenänderung über 2π geht und daß für die kritische Kopplung die Phase in einem relativ großen Bereich linear von der Frequenz abhängt. Auf der letztgenannten Eigenschaft und der Tatsache, daß die Resonanzkurve des kritisch gekoppelten Bandfilters sich der Kastenfunktion besser annähert als die des einfachen Schwingkreises, beruht die Bedeutung des Bandfilters für die Verstärkertechnik:

Die Übertragungsfunktion eines Verstärkers soll natürlich so beschaffen sein, daß die zu verstärkenden Spannungen möglichst formgetreu übertragen werden. Nennen wir die Übertragungsfunktion

$$\underline{Y}(j\omega) = |\underline{Y}(j\omega)| \exp\big(j\varphi(\omega)\big), \tag{6.70}$$

so gilt, wenn

$$U_1(t) = \sum_{n=1}^{\infty} \check{U}_n \exp\big(j(\omega_n t + \alpha_n)\big) \tag{6.71}$$

die Fourier-Zerlegung der Eingangsspannung ist, für die Ausgangsspannung

$$U_2(t) = \sum_{n=1}^{\infty} |\underline{Y}(j\omega_n)| \check{U}_n \exp\big(j(\omega_n t + \alpha_n + \varphi(\omega_n))\big). \tag{6.72}$$

Wenn nun

$$|\underline{Y}(j\omega)| = c_1 \tag{6.73}$$

und

$$\varphi(\omega) = c_2\,\omega \tag{6.74}$$

ist, wobei c_1 und c_2 zwei Konstanten bedeuten, so folgt

$$U_2 = c_1 \sum_{n=1}^{\infty} \check{U}_n \exp\big(j(\omega_n\,(t + c_2) + \alpha_n\big), \tag{6.75}$$

d. h., die Ausgangsspannung besitzt dieselbe Form wie die Eingangsspannung und ist nur um den Faktor c_1

vergrößert und um die Zeitdifferenz c_2 (Laufzeit) verschoben. Will man außerdem verschiedene Signale (z. B. Rundfunkstationen) voneinander trennen, dann darf Gl. (6.73) nur über einen gewissen Bereich (Bandbreite des Signals) gelten, und $|\underline{Y}(j\omega)|$ muß außerhalb möglichst Null sein, d. h., die Resonanzkurve soll sich der Kastenfunktion annähern.

6.4. Transformator

Das elektrische Verhalten realer Transformatoren ist wegen der Verluste im allgemeinen wenig durchsichtig, im Gegensatz zum idealen Transformator, bei dem

$$\left.\begin{aligned} U_2 &= n U_1, \\ I_2 &= \frac{1}{n} I_1 \end{aligned}\right\} \tag{6.76}$$

gilt, wobei n das Übersetzungsverhältnis und die Indizes die Primär- bzw. Sekundärseite bezeichnen. Aus Gl. (6.76) folgt, daß sich beim idealen Transformator Widerstände gemäß

$$\underline{Z}_2 = n^2 \underline{Z}_1 \tag{6.77}$$

transformieren, d. h. insbesondere, daß ein sekundärseitig offener idealer Transformator primärseitig einen unendlich hohen Eingangswiderstand besitzt.

Wir wollen nunmehr für den realen Transformator (aber ohne Berücksichtigung von Sättigungseffekten) ein Ersatzschaltbild ableiten, aus dessen elektrischem Verhalten dann alle Eigenschaften des Transformators abgelesen werden können.

Wir berücksichtigen zunächst nur die ohmschen Verluste und geben uns die in Abb. 6.7*b* gezeigte Ersatzschaltung vor, die den Transformator nach Abb. 6.7*a*

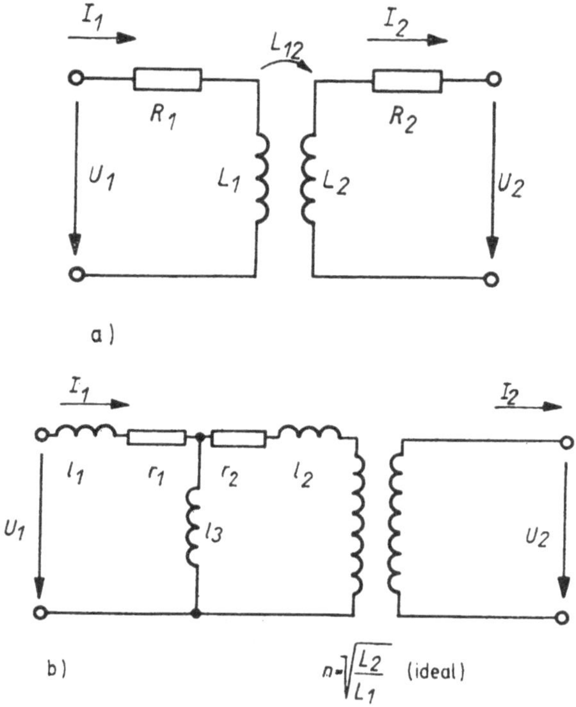

Abb. 6.7. Zwei gekoppelte Spulen (Transformator) unter Berücksichtigung der ohmschen Verluste
a) tatsächliche Verhältnisse; *b)* Ersatzschaltbild

ersetzt, wenn die Vierpolgleichungen beider Schaltungen übereinstimmen.

Unter der Voraussetzung linearer Verhältnisse lauten die allgemeinen Vierpolgleichungen

$$\left.\begin{aligned} \underline{U}_1 &= \underline{A}\,\underline{I}_1 + \underline{B}\,\underline{I}_2, \\ \underline{U}_2 &= \underline{C}\,\underline{I}_1 + \underline{D}\,\underline{I}_2, \end{aligned}\right\} \qquad (6.78)$$

wobei $\underline{A}$, $\underline{B}$, $\underline{C}$, $\underline{D}$ komplexe Konstante sind, die von der Schaltung abhängen.

Wir müssen nun die Schaltelemente in Abb. 6.7*b* so dimensionieren, daß die resultierenden Konstanten A, B, C und D mit denen von Abb. 6.7*a* übereinstimmen. Dies geschieht am einfachsten, indem wir für beide Schaltungen die Beziehungen für Leerlauf und Kurzschluß aufschreiben und vergleichen:

Leerlauf sekundärseitig ($\underline{I}_2 = 0$):

$$\left.\begin{aligned} \underline{U}_1 &= (j\omega L_1 + R_1)\,\underline{I}_1, \\ \underline{U}_1 &= (j\omega l_1 + r_1 + j\omega l_3)\,\underline{I}_1; \end{aligned}\right\} \tag{6.79}$$

Leerlauf primärseitig ($\underline{I}_1 = 0$):

$$\left.\begin{aligned} \underline{U}_2 &= -\,(j\omega L_2 + R_2)\,\underline{I}_2, \\ \frac{1}{n}\,\underline{U}_2 &= -\,(j\omega l_2 + r_2 + j\omega l_3)\,n\,\underline{I}_2; \end{aligned}\right\} \tag{6.80}$$

Kurzschluß primärseitig ($\underline{U}_1 = 0$):

$$\left.\begin{aligned} \underline{I}_1 &= \frac{j\omega L_{12}}{R_1 + j\omega L_1}\,\underline{I}_2, \\ \underline{I}_1 &= \frac{j\omega l_3}{j\omega l_3 + j\omega l_1 + r_1}\,n\,\underline{I}_2; \end{aligned}\right\} \tag{6.81}$$

Kurzschluß sekundärseitig ($\underline{U}_2 = 0$):

$$\left.\begin{aligned} \underline{I}_2 &= \frac{j\omega L_{12}}{R_2 + j\omega L_2}\,\underline{I}_1, \\ \underline{I}_2 &= \frac{j\omega l_3}{j\omega l_3 + j\omega l_2 + r_2}\,\frac{\underline{I}_1}{n}. \end{aligned}\right\} \tag{6.82}$$

Aus einem Vergleich der beiden Gleichungen (6.79) folgt

$$r_1 = R_1, \quad l_1 + l_3 = L_1, \tag{6.83}$$

aus den Gleichungen (6.80)

$$r_2 = \frac{R_2}{n^2}, \qquad l_2 + l_3 = \frac{L_2}{n^2} = L_1, \tag{6.84}$$

aus den Gleichungen (6.81) [da die Nenner auf Grund der Gleichungen (6.83) übereinstimmen]

$$l_3 = \frac{L_{12}}{n} = \frac{L_{12}}{\sqrt{L_1 L_2}} L_1 \tag{6.85}$$

und aus den Gleichungen (6.82) unter Beachtung der Gleichungen (6.84) nochmals die Beziehung (6.85).

Führen wir den Kopplungsfaktor k und den Streufaktor σ durch die Definitionsgleichungen

$$k = \frac{L_{12}}{\sqrt{L_1 L_2}}, \tag{6.86}$$

$$\sigma = 1 - k^2 \tag{6.87}$$

ein, so folgt also das Schema

$$\left.\begin{aligned} r_1 &= R_1, \\ r_2 &= \frac{R_2}{n^2}, \\ l_3 &= k L_1, \\ l_1 &= l_2 = L_1 - \frac{L_{12}}{\sqrt{L_1 L_2}} L_1 = L_1 \frac{\sigma}{1+k}. \end{aligned}\right\} \tag{6.88}$$

Berücksichtigen wir nun außer den ohmschen Verlusten noch die magnetischen und die Wirbelstromverluste, so können wir einfach, da wir Sättigungseffekte von vornherein ausgeschlossen haben, die Induktivitäten komplex ansetzen (vgl. Abschnitt 5.2.):

$$\left.\begin{aligned} L_1 &\to L_1' - jL_1'', \\ L_2 &\to L_2' - jL_2'', \\ L_{12} &\to L_{12}' - jL_{12}'', \end{aligned}\right\} \tag{6.89}$$

und erhalten nach einer völlig analogen Diskussion das Schema

$$\left.\begin{aligned} r_1 &= R_1 + \omega L_1'' - \omega L_{12}'', \\ r_2 &= \frac{R_2}{n^2} + \frac{\omega L_2''}{n^2} - \omega L_{12}'', \\ l_3 &= kL_1, \\ l_1 &= l_2 = \frac{\sigma}{1+k} L_1, \end{aligned}\right\} \tag{6.90}$$

wobei noch in Reihe zu l_3 ein ohmscher Widerstand

$$r_3 = \omega L_{12}'' \tag{6.91}$$

eingeführt werden mußte.

Sind die magnetischen Verluste und die Wirbelstromverluste klein gegen die ohmschen Verluste (niedrige Frequenzen) und ist der Kopplungsfaktor $k \approx 1$ (d. h. geringe Streuung), so ergibt sich das vereinfachte Ersatzschaltbild von Abb. 6.8.

Transformatoren finden außer zur Erzeugung von Betriebsspannungen geeigneter Größe und zur Trennung von Gleich- und Wechselspannungen (wo sie meist durch RC-Glieder ersetzt werden) vor allem auch Anwendung

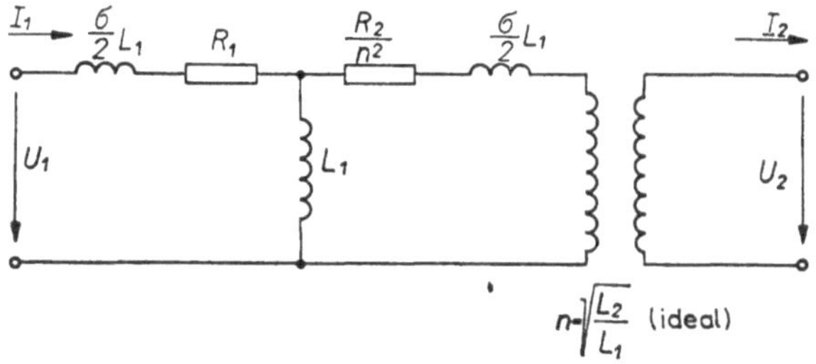

Abb. 6.8. Ersatzschaltbild eines Transformators für niedrige Frequenzen und geringe Streuung

zur Anpassung. Hierbei handelt es sich darum, eine Signalquelle (z. B. Antenne, Thermoelement usw.) so zu transformieren, daß am Verbraucher (Röhreneingang, Meßinstrument usw.) die größtmögliche Spannung entsteht. Der Einfachheit halber nehmen wir an, daß der zwischengeschaltete Transformator ideal sei. Dann gilt

$$\underline{U}_V = \frac{n\,\underline{U}_S\,\underline{Z}_V}{\underline{Z}_V + n^2\,\underline{Z}_S}, \tag{6.92}$$

wobei die Bedeutung der einzelnen Größen aus Abb. 6.9 ersichtlich ist. Setzen wir

$$\frac{\underline{Z}_S}{\underline{Z}_V} = q' - jq'', \tag{6.93}$$

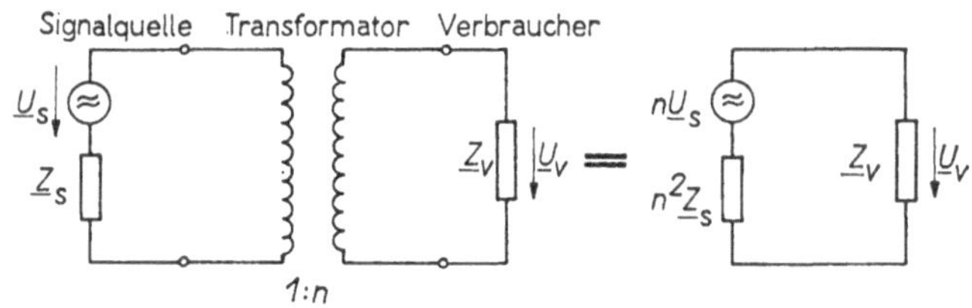

Abb. 6.9. Zur Frage der Anpassung

so folgt

$$|\underline{U}_\mathrm{V}| = |\underline{U}_\mathrm{S}| \frac{n}{\sqrt{(1 + n^2 q')^2 + (n^2 q'')^2}}, \tag{6.94}$$

und aus der Bedingung

$$\frac{\mathrm{d}\,|\underline{U}_\mathrm{V}|}{\mathrm{d}n} = 0 \tag{6.95}$$

erhalten wir

$$n^2 = \frac{1}{\sqrt{q'^2 + q''^2}} = \left|\frac{\underline{Z}_\mathrm{V}}{\underline{Z}_\mathrm{S}}\right|. \tag{6.96}$$

Die Beziehung (6.96) wird als Anpassungsbedingung bezeichnet und liefert dasjenige Übersetzungsverhältnis des Transformators, für das am Verbraucher der Betrag der Spannung den größten Wert besitzt. In diesem Fall wird auch die im Verbraucher umgesetzte Wirkleistung P am größten, denn es gilt

$$P = \frac{1}{2} |\underline{I}|^2 \operatorname{Re}\{\underline{Z}_\mathrm{V}\} = \frac{1}{2} \frac{\operatorname{Re}\{\underline{Z}_\mathrm{V}\}}{|\underline{Z}_\mathrm{V}|^2} |\underline{U}_\mathrm{V}|^2, \tag{6.97}$$

da der Faktor vor $|\underline{U}_\mathrm{V}|^2$ nicht von n abhängt.

Stichwort- und Literaturverzeichnis

In dieser Zusammenstellung werden vorzugsweise Buchveröffentlichungen zitiert.

Die Spalten A—D haben folgende Bedeutung:

A: Seitenzahl des vorliegenden Buches für das entsprechende Stichwort
B: Werke zur Information, Einführungen
C: grundlegende Werke
D: technische Anwendungen, Berechnungsgrundlagen

	A	B	C	D
Reaktanzzweipole		[M 1h], [R 2c]	[S 8], [Z 2]	[P 9]
Relais		[F 11]		[R 1], [H 6a], [P 9]
Relaxationsfunktion	127, 148			
Relaxationszeit	121		[F 8b]	
Resonanz	32, 159	[S 3], [R 5]	[P 10], [O 1d]	
Reststrom (von Kondensatoren)				[P 9]
Schalter				[R 1], [H 6a]
Schaltzeichen		[F 10]		
Schichtwiderstände			[N 2],[W 10]	[R 1], [B 4], [H 7], [P 9]
SCHWARZ-CHRISTOFFELsche Formel	76		[P 10]	
Schwingkondensator				[B 4]
Schwingkreis	32, 51 156	[H 2], [M 1h]	[O 1a], [Z 3]	M [1 j]
Schwingquarz		[Z 3]		[B 4]
Selbstinduktivität	103		[O 1a],[P 10]	[B 4]
Selektivität	159			[S 3], [M 1j]
Siebschaltungen		[S 3], [R 2e]	[F 2]	
Skineffekt	144		[L 5b], [R 5], [P 10]	[R 5], [P 8], [M 1a]
Spannungskonstanthalter, magnetischer		[D 4]	[P 5]	
Spannungsteiler, frequenzlinearer				[B 4]
Spektraldichtefunktion	58		[L 3]	[P 9]
Sperrfilter				[P 9], [H 7]
Spule, ideale	94			
Spulenabschirmung	114		[K 5]	[M 1a]
Spulenkapazität	111		[O 1d]	[P 9]
Stabilitätsbedingung	150		[B 2], [P 6], [S 6]	
Stabilyt-Zelle				[B 4]
Steckverbindungen				[R 1]
Streufaktor	170	[S 3]		
Streufeldtransformator				[E 3]
Streuinduktivität		[M 1m]	[W 8], [O 1a]	[B 8], [P 9]

	A	B	C	D
Vierpole	148	[M 1h], [S 3], [R 2e]	[S 8], [O 1d]	[P 9], [R 2f]
– minimaler Phase			[W3], [B 2], [N 3]	
– nichtminimaler Phase			[N 3]	
–, duale		[M 1h]		
Vierpoltheorie		[S 3], [O 1b], [H 2]	[P 10], [F 3]	
Wellenparametertheorie		[M 1h], [H 7]	[S 8], [F 9], [W 3], [F 2]	[P 9]
Wendelpotentiometer				[B 4]
WESTON-Normalelement				[B 4], [W 6]
Wicklung, kapazitätsarme				[B 8], [G 3]
Widerstand, spezifischer				[P 8]
Widerstände		[H 2]	[W7], [W10]	[H 6a], [R 1], [P 9], [N 2]
WIENER-KHINTCHINEsche Beziehungen	59	[L 3]	[C 2]	
WIENER-PALEY-Kriterium	152	[L 3]		
Wirbelstromverluste	141	[P 8], [O 2]	[P 10], [O 1a], [W 8]	[K 3]
Zeigerdiagramm	35		[P 10]	
Zeigerinversion	37			
Zweipole		[B 5]	[P 10], [F 9], [S 8]	
ZOBEL-Halbglieder			[K 6]	[H 7]
Zylinderfunktionen		[R 2h], [P 8]	[R 5], [W 8]	

[A 1] ASSEJEW, B. P.: Phasenbeziehungen in der Funktechnik (Übers. aus dem Russ.). VEB Verlag Technik, Berlin 1960.

[A 2] APPELS, J. T., und B. H. GEELS: Handbuch der Relaisschaltungstechnik. Deutsche Philips GmbH, Hamburg 1968.

[B 1] BUCHHOLZ, H.: Elektrische und magnetische Potentialfelder. Springer-Verlag, Berlin 1957.

[B 2] BODE, H.: Network Analysis and Feedback Amplifier Design. D. van Nostrand Co., New York 1945.

[B 3] Bronstein, I. N., und K. A. Semendjajew: Taschenbuch der Mathematik (Übers. aus dem Russ.). B. G. Teubner Verlagsgesellschaft, Leipzig 1959.

[B 4] Bitterlich, W.: Einführung in die Elektronik. Springer-Verlag, Wien 1967.

[B 5] Barkhausen, H.: Lehrbuch der Elektronenröhren und ihrer technischen Anwendungen, Bd. 1. Hirzel-Verlag, Leipzig 1965.

[B 6] Bosse, G.: Einführung in die Synthese elektrischer Siebschaltungen mit vorgegebenen Eigenschaften. Hirzel-Verlag, Stuttgart 1966.

[B 7] Benz, F.: Einführung in die Funktechnik. Springer-Verlag, Wien 1950.

[B 8] Bartels, H.: Grundlagen der Verstärkertechnik. Hirzel-Verlag, Stuttgart 1954.

[C 1] Cauer, W.: Theorie linearer Wechselstromschaltungen, 2 Bde. Akademie-Verlag, Berlin 1954 und 1960.

[C 2] Chintchin, A. J.: Arbeiten zur Informationstheorie. VEB Deutscher Verlag der Wissenschaften, Berlin 1957.

[C 3] Czech, J.: Oszillografen-Meßtechnik. Verlag für Radio-Foto-Kinotechnik, Berlin 1967.

[D 1] Doetsch, G.: Anleitung zum praktischen Gebrauch der Laplace-Transformation. R. Oldenbourg Verlag, München 1956.

[D 2] Dobesch, H., und H. Sulanke: Zeitfunktionen, Theorie und Anwendungen. VEB Verlag Technik, Berlin 1962.

[D 3] Durand, E.: Electrostatique et magnétostatique. Masson & Cie., Paris 1953.

[D 4] Dietrich, W., und V. Holzapfel: Arbeitsweise und Anwendung magnetischer Spannungskonstanthalter. Nachrichtentechnik 5 (1955) 564—565.

[D 5] Dobesch, H.: Laplace-Transformation. VEB Verlag Technik, Berlin 1963.

[D 6] Domsch, G.: Der Übertrager der Nachrichtentechnik. Akademische Verlagsgesellschaft Geest & Portig, Leipzig 1953.

[D 7] Diciol, O.: Niederfrequenzverstärker-Praktikum. Franzis-Verlag, München 1959.

[E 1] Erdélyi, A.: Tables of Integral Transforms, Bd. 1 und 2. McGraw-Hill Book Co. Inc., New York 1954.

[E 2] Eldik, P. F. van, und P. Cornelius: Transformatoren, Drosseln, Transduktoren und Streufeldtransformatoren. Deutsche Philips GmbH, Hamburg 1966.

[F 1] Feldtkeller, R.: Einführung in die Theorie der Hochfrequenzbandfilter. Hirzel-Verlag, Stuttgart 1953.

[F 2] Feldtkeller, R.: Einführung in die Siebschaltungstheorie. Hirzel-Verlag, Stuttgart 1956.

[F 3] Feldtkeller, R.: Einführung in die Vierpoltheorie. Hirzel-Verlag, Stuttgart 1962.

[F 4] Feldtkeller, R.: Tabellen und Kurven zur Berechnung von Spulen und Übertragern. Hirzel-Verlag, Stuttgart 1958.

[F 5] Frühauf, H., und E. Trzeba: Synthese und Analyse linearer Hochfrequenzschaltungen. Akademische Verlagsgesellschaft Geest & Portig, Leipzig 1964.

[F 6] Funk, P., H. Sagan und F. Selig: Die Laplace-Transformation und ihre Anwendung. Springer-Verlag, Wien 1953.

[F 7] Fetzer, V.: Einschwingvorgänge in der Nachrichtentechnik. VEB Verlag Technik. Berlin 1958.

[F 8] Flügge, S. ed.: Handbuch der Physik. Springer-Verlag, Berlin.
a Bd. 16: Elektrische Felder und Wellen, 1958.
b Bd. 17: Dielektrika, 1956.
c Bd. 18/2: Ferromagnetismus, 1966.

[F 9] Fritzsche, G.: Entwurf linearer Schaltungen. VEB Verlag Technik, Berlin 1962.

[F 10] Friedrich, A. Teml: Tabellenbuch Elektrotechnik. Fachbuch-Verlag, Leipzig 1968.

[F 11] Fleischer, H., ed.: Lehrbuch der Fernmeldetechnik. Verlag Schiele & Schön, Berlin 1967.

[G 1] Geyger, W.: Magnetverstärkerschaltungen. VEB Verlag Technik, Berlin 1959.

[G 2] Garten, W.: Der Bleiakkumulator. Oldenbourg-Verlag, München 1958.

[G 3] Grossner, N. R.: Transformers for Electronic Circuits. McGraw-Hill Book Co. Inc., New York 1967.

[G 4] Güntherschulze, A., und H. Betz: Elektrolytkondensatoren. Cram-Verlag, Berlin 1952.

[H 1] Herzog, W.: Siebschaltungen mit Schwingkristallen. Dietrich-Verlag, Wiesbaden 1949.

[H 2] Holzmüller, W.: Technische Physik, Bd. I. VEB Verlag Technik, Berlin 1959; Bd. II/2. B. G. Teubner Verlagsgesellschaft, Leipzig 1966.

[H 3] Huber, R.: Trockenbatterien. Oldenbourg-Verlag, München 1958.

[H 4] HERTWIG, H.: Induktivitäten. Verlag für Radio-Foto-Kinotechnik, Berlin 1954.

[H 5] HAHN, H.: Thermistoren, Deckers Verlag, Hamburg 1965.

[H 6] HENNEY, K. et al.: Electronic Components Handbook. McGraw-Hill Book Co. Inc., New York.
a Vol. I, 1957.
b Vol. III, 1959.

[H 7] Hütte, Bd. IVB: Fernmeldetechnik. Verlag Ernst & Sohn, Berlin 1962.

[I 1] IMHOF, A.: Elektrische Isolierstoffe. Orell Füssli-Verlag, Zürich 1949.

[J 1] JOOS, G.: Lehrbuch der theoretischen Physik. Akademische Verlagsgesellschaft Geest & Portig, Leipzig 1959.

[J 2] JANKE, B., und E. EMDE: Tafeln höherer Funktionen. B. G. Teubner Verlagsgesellschaft, Leipzig 1960.

[K 1] KOBER, H.: Dictionary of Conformal Representation. Dover Publications, New York 1952.

[K 2] KOHLRAUSCH, R.: Praktische Physik, Bd. 1 und 2. B. G. Teubner Verlag, Stuttgart 1956.

[K 3] KÜPFMÜLLER, K.: Einführung in die theoretische Elektrotechnik. Springer-Verlag, Berlin 1957.

[K 4] KÜPFMÜLLER, K.: Die Systemtheorie der elektrischen Übertragung. Hirzel-Verlag, Stuttgart 1952.

[K 5] KADEN, H.: Die elektromagnetische Schirmung in der Nachrichtentechnik. Springer-Verlag, Berlin 1950.

[K 6] KLEIN, W.: Grundlagen der Theorie elektrischer Schaltungen. Akademie-Verlag, Berlin 1961; 2. Aufl.: Teil 1, Mehrtortheorie. Akademie Verlag, Berlin 1969.

[L 1] LANGE, H.: Funktechnische Nomogramme. Fachbuchverlag, Leipzig 1959.

[L 2] LIMANN, O.: Hilfsbuch für Hochfrequenztechniker. Franzis-Verlag, München 1960.

[L 3] LANGE, F. H.: Signale und Systeme, Bd. 1. VEB Verlag Technik, Berlin 1965.

[L 4] LUNZE, K., und E. WAGNER: Einführung in die Elektrotechnik, 2 Bde. VEB Verlag Technik, Berlin 1965.

[L 5] LANDAU, L. D., und E. M. LIFSCHITZ: Lehrbuch der theoretischen Physik. Akademie-Verlag, 1966 und 1967.
a Bd. 2: Klassische Feldtheorie,
b Bd. 8: Elektrodynamik der Kontinua.

[M 1] Meinke, H., und F. W. Gundlach ed.: Taschenbuch der Hochfrequenztechnik. Springer-Verlag, Berlin 1962.
a Lange, K. (A. 3),
b Lange, K. (A. 4—13),
c Kornetzki, M. (A. 14—16),
d Lange, K. (A. 18—22),
e Kehbel, H. (A. 23—30),
f Lange, K. (A. 31—33),
g Herzog, W. (A. 34—36),
h Meinke, H. (B. 1—9 und B. 10—17),
i Herzog, W. (B. 18—22),
j Behling, H. (N. 3—11),
k Kleen, W., und K. Pöschel (T),
l Eichacker, R., J. Grosskopf, A. Kraus, R. Leonhardt, A. Ruhrmann und H. M. Schmidt (Y),
m Meinke, H. (E. 1—3),
n Ruthemann, G. (K. 5—12).

[M 2] Martin, H. J.: Die Ferroelektrika. Akademische Verlagsgesellschaft Geest & Portig, Leipzig 1964.

[M 3] Meinke, H. H.: Die komplexe Berechnung von Wechselstromschaltungen. de Gruyter-Verlag, Berlin 1957.

[N 1] Nottebrock, H.: Bauelemente der Nachrichtentechnik — Kondensatoren. Verlag Schiele & Schön, Berlin 1949.

[N 2] Nottebrock, H.: Bauelemente der Nachrichtentechnik — Widerstände. Verlag Schiele & Schön, Berlin 1949.

[N 3] Naslin, P.: Dynamik linearer und nichtlinearer Systeme. VEB Verlag Technik, Berlin 1967.

[O 1] Oberdorfer, G.: Lehrbuch der Elektrotechnik, 4 Bde. Oldenbourg-Verlag, München 1961—65.
a Bd. 1,
b Bd. 2,
c Bd. 3,
d Bd. 4.

[O 2] Olsen, E.: Magnetische Größen in der Wechselstromtechnik. Philips Technische Bibliothek, Eindhoven 1967.

[P 1] Padelt, E., und H. Laporte: Einheiten und Größenarten der Naturwissenschaften. Fachbuch-Verlag, Leipzig 1964.

[P 2] Pfeifer, H.: Elektronisches Rauschen, Bd. 1. B. G. Teubner Verlagsgesellschaft, Leipzig 1959.

[P 3] Pitsch, H.: Lehrbuch der Funkempfangstechnik, Bd. 1 und 2. Akademische Verlagsgesellschaft Geest & Portig, Leipzig 1963/64.

[P 4] PITSCH, H.: Hilfsbuch für die Funktechnik. Akademische Verlagsgesellschaft Geest & Portig, Leipzig 1957.

[P 5] PHILIPPOW, E.: Der ferromagnetische Spannungsstabilisator. Akademische Verlagsgesellschaft Geest & Portig, Leipzig 1968.

[P 6] PETERS, J.: Einschwingvorgänge, Gegenkopplung, Stabilität. Springer-Verlag, Berlin 1954.

[P 7] PASSYNKOW, W. W., et al.: Nichtlineare Halbleiterwiderstände. Akademische Verlagsgesellschaft Geest & Portig, Leipzig 1965.

[P 8] PHILIPPOW, E., ed.: Taschenbuch Elektrotechnik, Band I. VEB Verlag Technik, Berlin 1963.

[P 9] PHILIPPOW, E., ed.: Taschenbuch Elektrotechnik, Band III. VEB Verlag Technik, Berlin 1968.

[P 10] PHILIPPOW, E.: Grundlagen der Elektrotechnik. Akademische Verlagsgesellschaft Geest & Portig, Leipzig 1967.

[R 1] RUMPF, K. H.: Bauelemente der Elektronik. VEB Verlag Technik, Berlin 1968.

[R 2] RINT, C., und K. KRETZER ed.: Handbuch für Hochfrequenz- und Elektrotechniker, Bd. 1–6. Verlag für Radio-Foto-Kinotechnik, Berlin 1949–1960

a AWENDER, H., und K. SANN (Bd. 2, S. 160–226),
b DORNHEIM, H. (Bd. 6, S. 505–554),
c FETZER, V. (Bd. 3, S. 279–314),
d GRAVENHORST, D., B. DONATI und E. GINSBERG (Bd. 4, S. 47–82),
e KLEIN, W. (Bd. 1, S. 169–213),
f KLEIN, W. (Bd. 3, S. 245–278),
g LENNARTZ, H. (Bd. 3, S. 317–359),
h PELZ, F. M. (Bd. 3, S. 149–163, 179–197 und 231–244)
i RINCK, F. (Bd. 1, S. 121–168),
j RINCK, F. (Bd. 3, S. 208–230),
k ROESCHEN, E. (Bd. 1, S. 229–274),
l STOLL, H. (Bd. 3, S. 409–432),
m WEISSBACH, W., und A. JÄNICKE (Bd. 1, S. 664–678),
n ZINKE, O. (Bd. 3, S. 597–710).

[R 3] REINBOTH, H.: Technologie und Anwendung magnetischer Werkstoffe. VEB Verlag Technik, Berlin 1963.

[R 4] RASCHKOWITSCH, A.: Netzwerke und Leitungen der Nachrichtentechnik. Oldenbourg-Verlag, München 1965.

[R 5] RAMO, S., und J. R. WHINNERY: Felder und Wellen in der modernen Funktechnik (Übers. aus dem Engl.). VEB Verlag Technik, Berlin 1960.

[R 6] RACHO, R., et al.: Werkstoffe der Elektrotechnik. VEB Verlag Technik, Berlin 1968.

[S 1] SIMONYI, K.: Theoretische Elektrotechnik. VEB Deutscher Verlag der Wissenschaften, Berlin 1956.

[S 2] SCHILLING, W.: Transduktortechnik. R. Oldenbourg-Verlag, München 1960.

[S 3] SCHRÖDER, H.: Elektrische Nachrichtentechnik, Bd. 1. Verlag für Radio-Foto-Kinotechnik, Berlin 1959.

[S 4] SOLODOWNIKOW, W. W.: Bauelemente der Regelungstechnik, Bd. 2 (Übers. aus dem Russ.). VEB Verlag Technik, Berlin 1963.

[S 5] SMYTH, C. P.: Dielectric Behavior and Structure. McGraw-Hill Book Co. Inc., New York 1955.

[S 6] STEWART, J. L.: Theorie und Entwurf elektrischer Netzwerke. VEB Verlag Technik, Berlin 1959.

[S 7] STILLE, U.: Symbole, Einheiten und Nomenklatur in der Physik [Document U. I. P. 11 (S. U. N. 65—3)], Friedr. Vieweg & Sohn, Braunschweig 1965.

[S 8] STEINBUCH, K., und W. RUPPRECHT: Nachrichtentechnik. Springer-Verlag, Berlin 1967.

[S 9] Siemens AG: Styroflex- und Kunststoffkondensatoren. Berlin 1967.

[S 10] Siemens AG: Schicht- und Drahtwiderstände. Berlin 1967.

[S 11] SOLODOWNIKOW, W. W., ed.: Bauelemente der Regelungstechnik, Bd. 2. VEB Verlag Technik, Berlin 1963.

[S 12] SCHULZE, A.: Meßwiderstände. Verlag Braun, Karlsruhe 1953.

[V 1] VILBIG, F.: Lehrbuch der Hochfrequenztechnik, Bd. 1 und 2. Akademische Verlagsgesellschaft Geest & Portig, Leipzig 1960.

[W 1] WAGNER, K. W.: Operatorenrechnung und LAPLACE-Transformation nebst Anwendungen in Physik und Technik. Barth-Verlag, Leipzig 1950.

[W 2] WEBER, E.: Electromagnetic Fields, Bd. 1. John Wiley & Sons, New York 1950.

[W 3] WUNSCH, G.: Theorie und Anwendung linearer Netzwerke, Bd. 1 und 2. Akademische Verlagsgesellschaft Geest & Portig, Leipzig 1961/64.

[W 4] Wendt, G., in: S. Flügge ed.: Handbuch der Physik, Bd. 16. Springer-Verlag, Berlin 1958, S. 71ff.

[W 5] Węgrzyn, S.: Operatorenrechnung in der Elektrotechnik. VEB Verlag Technik, Berlin 1962.

[W 6] Wagner, S. W., ed.: Stromversorgung elektronischer Schaltungen und Geräte. Deckers Verlag, Hamburg 1964.

[W 7] Wagner, K. W., und H. Schering: Die Isolierstoffe der Elektrotechnik. Springer-Verlag, Berlin 1924.

[W 8] Weiss, A. von: Übersicht über die theoretische Elektrotechnik, 2 Bde. Akademische Verlagsgesellschaft Geest & Portig, Leipzig 1961.

[W 9] Wijn, H. P. J., und P. Dullenkopf: Werkstoffe der Elektrotechnik. Springer-Verlag, Berlin 1967.

[W 10] Wellard, C. L.: Resistors and Resistance. Mc Graw-Hill Book Co. Inc., New York 1960.

[W 11] Wallot, J.: Theorie der Schwachstromtechnik. Springer-Verlag, Berlin 1948.

[Z 1] Zinke, O., und H. Brunswig: Hochfrequenzmeßtechnik. Hirzel-Verlag, Stuttgart 1959.

[Z 2] Zieke, J.: Galvanische Elemente und Batterien tragbarer Meßgeräte. Radio und Fernsehen 9 (1960) 374 und 424.

[Z 3] Zinke, O., und H. Brunswig: Lehrbuch der Hochfrequenztechnik. Springer-Verlag, Berlin 1965.

[Z 4] Zinke, O.: Widerstände, Kondensatoren, Spulen und ihre Werkstoffe. Springer-Verlag, Berlin 1965.

Inhaltsverzeichnis der weiteren Bände

Der Verfasser

- **geht auf die Grundlagen, Grundgleichungen, Einheiten und auf die Messung der elektrischen und magnetischen Grundgrößen ein**

- **befaßt sich mit der komplexen Darstellung von Wechselströmen und behandelt die Anwendung der Fourier-Transformation und der Laplace-Transformation in der Elektronik**

- **erläutert die Begriffe Kapazität, Widerstand, Induktivität, Gegeninduktivität, Verluste sowie die Berechnungsmethoden für diese Größen**

- **gibt Beispiele für Schaltungen aus Widerständen, Kondensatoren und Spulen an**

WISSENSCHAFTLICHE TASCHENBÜCHER

FSC
www.fsc.org
MIX
Papier | Fördert gute Waldnutzung
FSC® C083411

Zeitfracht Medien GmbH
Ferdinand-Jühlke-Straße 7
99095 Erfurt, Deutschland
produktsicherheit@kolibri360.de